清华大学化学类教材

物理化学
辅导与答疑

朱文涛 编著

清华大学出版社
北 京

内 容 简 介

物理化学是一门非常重要,又是比较难学习的课程。本书作者在清华大学执教物理化学多年,深知学生学习中的主要困难。为了帮助读者突破学习难点,编撰了本书,从基本概念、公式、分析和处理具体问题的方法诸方面进行辅导。读者在学习过程中,若能结合本书作者编著的《基础物理化学》(上、下册)(清华大学出版社,2011),将会收益更大。

本书共分热力学第一定律、热力学第二定律、统计热力学、溶液热力学、相平衡热力学、化学平衡热力学、电化学、表面化学与胶体、化学动力学等 9 章。每一章都分为重要概念和方法、主要公式、思考题三部分。对于难度较大的思考题提供了解答辅导。

读者对象:大专院校师生,相关专业研究生考生。

图书在版编目(CIP)数据

物理化学辅导与答疑/朱文涛编著.—北京:清华大学出版社,2012.4(2025.3重印)

(清华大学化学类教材)

ISBN 978-7-302-28147-4

Ⅰ. ①物… Ⅱ. ①朱… Ⅲ. ①物理化学—高等学校—教学参考资料 Ⅳ. ①O64

中国版本图书馆 CIP 数据核字(2012)第 033815 号

责任编辑:柳 萍
封面设计:傅瑞学
责任校对:王淑云
责任印制:刘海龙

出版发行:清华大学出版社
    网   址:https://www.tup.com.cn, https://www.wqxuetang.com
    地   址:北京清华大学学研大厦 A 座 邮 编:100084
    社 总 机:010-83470000   邮 购:010-62786544
    投稿与读者服务:010-62776969, c-service@tup.tsinghua.edu.cn
    质量反馈:010-62772015, zhiliang@tup.tsinghua.edu.cn
印 装 者:天津鑫丰华印务有限公司
经 销:全国新华书店
开 本:140mm×203mm 印 张:6.125 字 数:152 千字
版 次:2012 年 4 月第 1 版   印 次:2025 年 3 月第 12 次印刷
定 价:25.00 元

产品编号:045700-03

前　　言

　　本书是一本物理化学的学习参考书,是在 1998 年编著的《物理化学中的公式与概念》基础上改写而成的,保持了原书的内容结构和框架,对部分内容进行了修改。因此,本书实际上是《物理化学中的公式与概念》的再版。就编著本书的意图而言,主要是为了帮助读者突破学习物理化学的难点,通过对典型疑难问题的思考分析帮助读者提高物理化学的理论水平,故将书名定为《物理化学辅导与答疑》。

　　初学者普遍觉得物理化学中公式多,概念多,许多公式具有苛刻的适用条件和多变的表示形式,部分概念由于过于抽象而难于理解。物理化学这一学科特点造成部分学生感到学习困难,有人甚至把物理化学视为"老虎课",觉得难以应付。作者在清华大学执教物理化学多年,曾一度坚持围绕疑难问题组织学生讨论。本书就是在总结物理化学讨论课内容的基础上编写的,主要帮助学生理解物理化学的基本概念和基本公式并掌握分析问题的基本方法。在学习了物理化学的每一部分内容之后,再对本书所提供的有关题目深入思考,反复推敲,最终得出正确的结论,这对于提高读者的理论水平和实际能力会有很大好处。

　　物理化学中的内容难点,主要应该通过读者自己刻苦钻研与独立思考来解决,为此作者在本书的每一章中都编写了思考题。其中大多数题目是清华学生在课后答疑时主动找作者讨论的问题,它们都是初学者容易疏忽甚至误解的,但又往往是学好物理化学所必须解决的问题,从这个意义上说,本书是学习物理化学课程的一个必要补充。书中对部分难度较大的思考题给以提示和辅导,目的是为了给读者以借鉴和启发。为了提高本书思考题的使用效果,建议首先认真独立思考,之后,如果还是难于解答时再参看提示与辅导。如果先看辅导然后思考,这是本末倒置,不利于理论水平和实际能力的提高。

书中的量,一律采用国家法定计量单位和 SI 单位。关于功 W 的符号,现有两种不同的规定,本书规定系统做功为正,即系统做功时 $W>0$。近些年来 IUPAC 将标准压力 $p^{\ominus}$ 规定为 100kPa。为了兼顾手册数据的连续性,也为了与作者所编著的《基础物理化学》(上、下册)一致,本书取 $p^{\ominus}=101.325\mathrm{kPa}$。

本书的出版得到清华大学出版社的鼎力支持,在此深致谢意。

由于作者水平有限,加之时间仓促,书中定有不当甚至错误之处。恳请读者提出建议和批评,以利进一步改进和提高。

朱文涛

2012 年 1 月于清华园

目 录

第1章 热力学第一定律

1.1 重要概念和方法

1. 解答热力学习题的一般方法

热力学是物理化学的重要组成部分,同时也是方法性较强的一部分。在解答热力学习题时,要求使用规范的思维方法、计算方法和处理方法。如果方法得当,往往使问题简化,处理起来事半功倍;如果方法不当,则使问题变得复杂,处理起来事倍功半,甚至不能解决问题。

(1)思维方法

在解答任何热力学问题之前,首先要明确的三个问题,分别是:①系统是什么;②状态如何;③过程具有什么特点。这是解答问题的前提,也是顺利处理问题的三个要素。若题目本身没有明确指出或暗示系统是什么,则首先要人为地选择系统,选择系统时要以能够方便处理问题为出发点。从这个意义上说,选择系统不是目的,而是处理问题的手段。确定系统之后,应该思考的重要问题是,系统的初始状态和最终状态的具体情况能否详细表达出来。而后要思考过程的特点,包括直接叙述的特点和演绎的特点。当遇到系统的末态不完全清楚时,应该利用过程特点把末态具体计算出来。一旦以上三个问题都完全清楚,即为解决热力学问题奠定了基础。

(2)计算方法

热力学最常计算的两类物理量是状态函数变和过程量(即功和热)。在计算状态函数变时,如果没有现成的公式或结论可以直接套用,经常通过人为设计途径的方法进行计算。而对于过程量,任何时候都不能够利用上述方法进行计算。

（3）合理近似

在处理具体问题时,常常会遇到一些次要因素或次要矛盾。这时要学会进行合理近似,忽略次要问题,使问题简化且不影响计算结果。例如在一般压力下将气态物质视为理想气体,当气体参与相变时忽略凝聚态物质的体积,忽略压力对凝聚态物质性质的影响,忽略重力场,将快速过程视为绝热过程等。

2. 状态函数与过程量

这是两类完全不同的物理量。状态函数是系统的性质,如温度(T),压力(p),体积(V),内能(U),焓(H)和定压热容(C_p)等,而过程量是指功(W)和热(Q),它们是过程的属性。状态函数与过程量主要区别如下:

（1）状态函数决定于系统的状态,而过程量取决于过程。所以状态函数用来描述系统状态,而过程量用于描述过程。

（2）当系统中发生变化时,状态函数的变化只取决于系统的初末状态,而与变化的具体方式(过程)无关。因而在计算状态函数变化时,若给定过程不能或不易求得,可通过设计途径进行计算。与此相反,过程量则不可以设计途径进行计算,因为对于不同途径,它们的值可能不同。功和热是在系统与环境之间的两种能量传递方式,在系统内部不能讨论功和热。可见在计算 W 和 Q 时,首先要明确系统是什么,其次要搞清过程的特点。

（3）若 Y 代表某个状态函数,任意一个过程的状态函数变为 ΔY,功和热为 W 和 Q。假设该过程在相反方向进行时上述各量分别为 $\Delta Y_{逆}$、$W_{逆}$ 和 $Q_{逆}$,则必有

$$\Delta Y = - \Delta Y_{逆}$$

一般

$$W \neq - W_{逆}$$

$$Q \neq - Q_{逆}$$

3. 等温过程

在环境温度恒定不变的情况下，系统初态和末态温度相同且等于环境温度的过程，即

$$T_1 = T_2 = T_环 = 常数$$

所谓等温过程，是指上式中三个等号同时成立的过程。有人认为等温过程是系统温度始终不变的过程，这是一种误解。诚然，在某一过程中如果系统温度始终不变，则过程必是等温过程，因为该过程服从上式。但这并非等温过程的全部，只不过是等温过程的一种特殊情况。

4. 等压过程

在外压（即环境压力）恒定不变的情况下，系统初态和末态的压力相同且等于外压的过程，即

$$p_1 = p_2 = p_外 = 常数$$

所谓等压过程，是指上式中三个等号同时成立的过程。有人把等压过程说成是系统压力始终不变的过程，这是一种不全面的理解，因为这只是等压过程的一种特殊情况。在热力学中会遇到 $p_1 = p_2$ 的过程，称为初末态压力相等的过程，还会遇到 $p_外 = 常数$ 的过程，称为恒外压过程，但它们都不是等压过程。对于多相系统，若各相的压力不完全相同（例如相间有刚性壁隔开时），只要各相均服从上式，则整个系统经历的过程即属于等压过程。

5. 可逆过程

它由一连串无限接近于平衡的状态所组成，所以可逆就意味着平衡。可逆过程是并非能够具体实现的过程。一切能够实际发生的过程都是不可逆的。与实际过程相比，可逆过程具有如下特点：

（1）若以 Q_r 和 W_r 分别代表任一可逆过程的热和功，$Q_逆$ 和 $W_逆$ 代表该可逆过程在相反方向上进行时的热和功，则

$$Q_r = -Q_逆$$

$$W_r = -W_{逆}$$

而实际过程中这两个等式均不成立。可逆过程的这个特点称为"双复原",即当一个可逆过程逆向返回之后,系统和环境能够同时恢复到原来状态。所以可逆过程进行之后,在系统和环境中所产生的后果能够同时得以完全消除。

(2) 可逆过程进行的速度无限缓慢,而任何实际过程的速度都是有限的。

(3) 若在系统的初末态之间存在多个等温过程,则其中的等温可逆过程的功值最大,即

$$W_{T,r} > W_{T,ir}$$

6. 绝热过程(绝热膨胀或绝热压缩)

(1) 由于系统与环境不交换热量,所以在绝热过程中系统内能的增加与它从环境中所得到的功等值,即

$$\Delta U = -W$$

(2) 一般说来,在绝热过程中系统的 pVT 同时变化。

(3) 从同一状态出发,不同的绝热过程具有不同的末态。即在相同的初末态之间不会有多种绝热途径。

(4) 一个实际的绝热过程发生之后,系统不可能循任何绝热途径恢复到原来状态。

(5) 从同一初态出发,经多种绝热过程后,系统到达同一压力(或同一体积),则其中绝热可逆过程的功值最大。即

$$W_{r,Q=0} > W_{ir,Q=0}$$

(6) 与等温可逆过程相比,绝热可逆过程的压力对体积的变化更敏感。所以在 p-V 图上,绝热线比等温线要陡,即

$$\left| \left(\frac{\partial p}{\partial V} \right)_{Q=0} \right| > \left| \left(\frac{\partial p}{\partial V} \right)_{T} \right|$$

7. 理想气体

理想气体严格遵守 $pV=nRT$。该方程只是实际气体在 $p \rightarrow 0$

时的极限情况,因此理想气体只是一个科学的抽象,实际上并不存在。但为了处理问题方便,在生产及科研实践中,人们均把低压下的气体近似当作理想气体。

(1) 理想气体的微观特征:理想气体分子间没有相互作用,分子体积为零。

(2) 关于理想气体的重要结论:

① 理想气体的 U,H,C_V 和 C_p 只是温度的函数,即

$$\left(\frac{\partial U}{\partial V}\right)_T = 0, \quad \left(\frac{\partial H}{\partial p}\right)_T = 0$$

$$\left(\frac{\partial C_V}{\partial V}\right)_T = 0, \quad \left(\frac{\partial C_p}{\partial p}\right)_T = 0$$

所以,在等温过程中,理想气体的内能、焓和热容均不发生变化。

② 理想气体的定压摩尔热容($C_{p,\mathrm{m}}$)与定容摩尔热容($C_{V,\mathrm{m}}$)之差等于常数 R,即

$$C_{p,\mathrm{m}} - C_{V,\mathrm{m}} = R$$

③ 理想气体无 Joule-Thomson 效应,即

$$\mu_{\mathrm{J-T}} = 0$$

其中 $\mu_{\mathrm{J-T}}$ 是 Joule-Thomson 系数。因为节流过程是等焓过程,对于理想气体等焓就意味着等温,所以理想气体节流膨胀之后,温度不发生变化。

(3) 理想气体混合物的容量性质可以按照组分进行加和:理想气体分子间没有相互作用,所以在理想气体混合物中各种组分气体是相互独立的,它们之间不产生任何影响,因而每种气体的性质与它单独在容器中以纯态存在时相同。因此,除体积以外,混合物的所有容量性质都可以按照组分进行加和,例如:$U = U_\mathrm{B}^* + U_\mathrm{C}^* + \cdots,H = H_\mathrm{B}^* + H_\mathrm{C}^* + \cdots,C_p = C_{p,\mathrm{B}}^* + C_{p,\mathrm{C}}^* + \cdots$。这种加和方法往往使理想气体混合性质的计算变得简单易行,即只要正确写出混合前后任一组分气体 B 的状态,计算出它的 $\Delta U_\mathrm{B},\Delta H_\mathrm{B}$,

$\Delta C_{p,\mathrm{B}}$ 等,然后即可依照 $\Delta_{\mathrm{mix}} U = \sum\limits_{\mathrm{B}} \Delta U_{\mathrm{B}}, \Delta_{\mathrm{mix}} H = \sum\limits_{\mathrm{B}} \Delta H_{\mathrm{B}},$

$\Delta_{\mathrm{mix}} C_p = \sum\limits_{\mathrm{B}} \Delta C_{p,\mathrm{B}}$ 等算出混合性质。

1.2　主 要 公 式

1.
$$\mathrm{d}U = \delta Q - \delta W$$
或
$$\Delta U = Q - W$$

式中 ΔU 为系统的内能变,Q 代表系统所吸收的热量,W 代表系统所做的功。此式是热力学第一定律的数学表达式,它适用于宏观静止且无外场作用的非敞开系统的任意过程。

2.
$$\delta W = p_{外}\,\mathrm{d}V$$

若系统发生明显体积变化且 $p_{外}$ 是连续函数,则

$$W = \int_{V_1}^{V_2} p_{外}\,\mathrm{d}V$$

其中 W 为体积功,$p_{外}$ 是环境的压力,V 为系统的体积。此式是计算体积功的通式,它可用于任何过程体积功的计算。在应用此公式时,右端的被积函数必须是环境压力。只有在可逆过程中(此时系统内部及系统与环境之间均处于力学平衡),由于 $p_{外}$ 等于系统的压力 p,才可用 p 代替 $p_{外}$。在某些常见的特定条件下,此通式演变成以下更具体的几种形式:

(1) 对于恒外压过程
$$W = p_{外}\,\Delta V$$

(2) 对于等压过程
$$W = p\Delta V$$

(3) 对于自由膨胀过程
$$W = 0$$

（4）对于等容过程

$$W = 0$$

（5）理想气体的等温可逆过程

$$W = nRT \ln \frac{V_2}{V_1} = nRT \ln \frac{p_1}{p_2}$$

3. $$H = U + pV$$

此式是焓的定义式，它适用于任意系统的平衡状态。对于任意系统中的任意过程，均满足

$$\Delta H = \Delta U + \Delta(pV)$$

4. $$Q_p = \Delta H + W'$$

此式反映等压热与焓变的关系。其中 Q_p 是等压热，W' 是等压过程中的非体积功。此式适用于任意等压过程。对于没有非体积功的等压过程，此式变为

$$Q_p = \Delta H$$

5. $$dH = C_p dT + \left(\frac{\partial H}{\partial p}\right)_T dp$$

此式适用于任意简单物理过程（系统中只发生简单的 pVT 变化）。式中 C_p 为定压热容，其定义为

$$C_p = \left(\frac{\partial H}{\partial T}\right)_p$$

$\left(\dfrac{\partial H}{\partial p}\right)_T$ 代表焓随压力的变化，其值可由状态方程求得，也可由公式

$$\left(\frac{\partial H}{\partial p}\right)_T = -\mu_{\text{J-T}} C_p$$

计算，其中 $\mu_{\text{J-T}}$ 是系统的 Joule-Thomson 系数。

6. $$\Delta H = \int_{T_1}^{T_2} C_p dT$$

此式适用于等压简单变温过程。对于理想气体，此式可用于任意

简单物理过程。

7.
$$Q_V = \Delta U$$

式中 Q_V 为等容热。此式适用于等容且没有非体积功的过程。

8.
$$dU = C_V dT + \left(\frac{\partial U}{\partial V}\right)_T dV$$

此式适用于任意简单物理过程。式中 C_V 为定容热容,其定义为

$$C_V = \left(\frac{\partial U}{\partial T}\right)_V$$

$\left(\frac{\partial U}{\partial V}\right)_T$ 叫做内压,是分子间相互作用力大小的标志,其值可由状态方程求得。

9.
$$\Delta U = \int_{T_1}^{T_2} C_V dT$$

此式适用于等容简单变温过程。对于理想气体,此式可用于一切简单物理过程。

10.
$$C_p - C_V = \left[\left(\frac{\partial U}{\partial V}\right)_T + p\right]\left(\frac{\partial V}{\partial T}\right)_p$$

此式描述定压热容与定容热容的关系,它适用于处在平衡状态的任意系统。

11.
$$T_1 V_1^{\gamma-1} = T_2 V_2^{\gamma-1}$$

或
$$p_1 V_1^{\gamma} = p_2 V_2^{\gamma}$$

或
$$T_1^{\gamma} p_1^{1-\gamma} = T_2^{\gamma} p_2^{1-\gamma}$$

此三式叫做绝热过程方程,其中 $\gamma = C_{p,\mathrm{m}}/C_{V,\mathrm{m}}$,称绝热指数。绝热过程方程只适用于理想气体的绝热、可逆、不做非体积功且 γ 为常数的过程。公式常用于计算绝热过程的末态。

12.
$$\mu_{\mathrm{J-T}} = \left(\frac{\partial T}{\partial p}\right)_H$$

此式是 Joule-Thomson 系数的定义式,它表示在节流过程中温度随压力的变化率。

13.
$$d\xi = \frac{dn_B}{\nu_B}$$

式中 ν_B 是物质 B 的化学计量数,ξ 为反应进度。此式适用于任意化学反应。在处理化学反应问题时,人们常利用此式将参与反应物质 B 的物质的量的变化用反应进度的变化来表示。

14.
$$\Delta_r H_m^{\ominus} = \sum_B \nu_B \Delta_f H_{m,B}^{\ominus}$$

式中 $\Delta_r H_m^{\ominus}$ 为化学反应的标准摩尔焓变,$\Delta_f H_{m,B}^{\ominus}$ 为物质 B 的标准摩尔生成焓。由于各种物质的 $\Delta_f H_m^{\ominus}(298.15K)$ 可从手册中查到,所以此式为各种反应提供了一种计算 $\Delta_r H_m^{\ominus}(298.15K)$ 的简单方法。

15.
$$\Delta_r H_m^{\ominus} = -\sum_B \nu_B \Delta_c H_{m,B}^{\ominus}$$

式中 $\Delta_r H_m^{\ominus}$ 是化学反应的标准摩尔焓变,$\Delta_c H_{m,B}^{\ominus}$ 为物质 B 的标准摩尔燃烧焓。此式用于由燃烧焓计算反应热。

16.
$$\Delta_r H_m = \Delta_r U_m + \sum_{B(g)} \nu_B \cdot RT$$

式中 $\Delta_r H_m$ 和 $\Delta_r U_m$ 分别代表一个化学反应在等压条件和等容条件下进行时的反应热,$\sum_{B(g)} \nu_B$ 为气态物质的化学计量数的代数和。此式将参与反应的所有气体物质视为理想气体,它反映等压热与等容热的关系。

17.
$$\left(\frac{\partial \Delta_r H_m}{\partial T}\right)_p = \Delta_r C_{p,m}$$

或
$$\Delta_r H_m(T_2) = \Delta_r H_m(T_1) + \int_{T_1}^{T_2} \Delta_r C_{p,m} dT$$

此式称做 Kirchhoff 公式,其中 $\Delta_r H_m(T_1)$ 和 $\Delta_r H_m(T_2)$ 分别为温度 T_1 和 T_2 时的反应摩尔焓变,$\Delta_r C_{p,m}$ 为反应过程中引起的热容变化。此式表明:产物与反应物的热容差是反应热对温度变化敏感程度的度量,即热容差越大,反应热随温度的变化越大。应该注意,只有当从 T_1 到 T_2 之间参与反应的各种物质均不发生相变时,此式才能使用。Kirchhoff 公式不仅适用于计算温度对反应焓变的影响,也适用于相变焓、混合焓和溶解焓等。

1.3 思 考 题

1-1 在 373.15K,101325Pa 下,1mol $H_2O(l)$ 蒸发成水蒸气。假设水蒸气为理想气体,因为此过程中系统的温度不变,所以 $\Delta U = 0$。由于是等压过程,所以热量 $Q_p = \int_{T_1}^{T_2} C_p dT = 0$。即此过程无内能变且没有热效应。根据第一定律可知,此过程无功,即 $W = 0$。这一结论对吗?为什么?

1-2 一气体从某一状态出发,分别经绝热可逆压缩和等温可逆压缩到达一固定的体积,哪一种压缩过程所需的功多些?为什么?如果是膨胀,情况又将如何?

1-3 设一气体经过如图中 A→B→C→A 的可逆循环过程,应如何在图上表示下列各量:

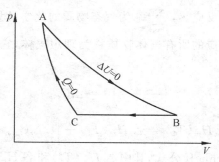

1-3 题图示

(1) 系统净做的功;

(2) B→C 过程的 ΔU;

(3) B→C 过程的 Q。

1-4 任意过程的 dU 可以写成

$$dU = \left(\frac{\partial U}{\partial T}\right)_V dT + \left(\frac{\partial U}{\partial V}\right)_T dV$$

因为 $\left(\frac{\partial U}{\partial T}\right)_V = C_V$，所以上式可变为

$$dU = C_V dT + \left(\frac{\partial U}{\partial V}\right)_T dV$$

因为 $C_V dT = \delta Q$，所以

$$dU = \delta Q + \left(\frac{\partial U}{\partial V}\right)_T dV$$

将此式与热力学第一定律表达式

$$dU = \delta Q - p_外 dV$$

相比较，可得

$$\left(\frac{\partial U}{\partial V}\right)_T = - p_外$$

此结论对否？如不对，错在何处？

1-5 如图所示，有一个气缸，装有无重量无摩擦的理想活塞。缸内装有气体，活塞以上为真空。气缸的筒壁内侧装有多个排列得几乎无限紧密的销卡。当自下而上地逐个拔除销卡时，活塞将几乎无限缓慢地上移，气体将几乎无限缓慢地膨胀。试问这一过程是不是可逆膨胀过程？为什么？

1-5 题图示

1-6 认为在 298.15K 及标准压力下各不同元素的稳定单质的焓的绝对数值都相等，这是有道理的吗？为什么把它们全部规定为零是可行的？

1-7 原子蜕变反应及热核反应能不能用"产物生成焓之总和减去反应物生成焓之总和"来求得热效应？为什么？

1-8 因为 $Q_p = \Delta H$，$Q_V = \Delta U$，能否作如下结论：Q_p 和 Q_V 是

状态函数。

1-9 1mol 理想气体在等温和恒定外压条件下由 V_1 膨胀到 V_2，此过程 $Q=p_{\text{外}}(V_2-V_1)$。因为过程是等压过程，所以 $\Delta H = Q$，即 $\Delta H = p_{\text{外}}(V_2-V_1)$。此结果与理想气体等温过程 $\Delta H = 0$ 是否矛盾？

1-10 如图所示，一个绝热气缸带有一个理想的（无摩擦无重量）的绝热活塞，上面放置一定质量的砝码。气缸内装有理想气体，内壁绕有电阻丝。当通电时气体就慢慢地膨胀。因为这是一个等压过程，所以 $Q_p = \Delta H$。又因为是绝热系统，$Q_p = 0$，所以此过程的 $\Delta H = 0$。此结论对吗？

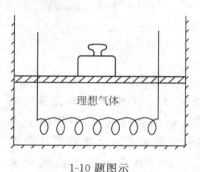

理想气体

1-10 题图示

1-11 100℃，101325Pa 的水向真空蒸发成 100℃，101325Pa 的水蒸气。此过程 $\Delta H = \Delta U + p\Delta V$，$p\Delta V = W$。而此过程的 $W = 0$，所以上述过程 $\Delta H = \Delta U$，此结论对吗？为什么？

1-12 在(a)，(b)图中，A→B 为理想气体的等温可逆过程，A→C 为绝热可逆过程。见图(a)，如果从 A 经过一个绝热不可逆过程膨胀到 p_2，则终态在 C 之左、B 之右、还是二者之间？见图(b)，如果从 A 经过一个绝热不可逆过程膨胀到 V_2，则终态将在 C 之下、B 之上、还是 B 和 C 之间？

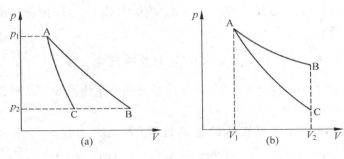

1-12 题图示

1-13 有一铝制的密闭容器,容积为 1 升。预先将此容器抽成真空,后在其上面穿一小孔,于是外面 101325Pa 的空气徐徐流入容器,直至容器内空气达 101325Pa 为止(假设空气为理想气体)。(1)因为空气流入真空,所以此过程无功。又因为空气进入容器后温度没变,即 $\Delta U = 0$,于是由第一定律可知,此过程没有热效应;(2)因为在空气流入过程中,容器内压力逐渐增大,于是后进入的空气必克服容器内的压力而做功,而且做功越来越大,此功值无法计算。由于此过程 $\Delta U = 0$,所以热也无法计算。以上两种推理得出的结论不同。你如何看待以上两种推理?

1-14 已知在标准状态下

$$C(s) + \frac{1}{2}O_2(g) \longrightarrow CO(g) \qquad \Delta H_1^\ominus$$

$$CO(s) + \frac{1}{2}O_2(g) \longrightarrow CO_2(g) \qquad \Delta H_2^\ominus$$

$$H_2(g) + \frac{1}{2}O_2(g) \longrightarrow H_2O(g) \qquad \Delta H_3^\ominus$$

$$2H_2(g) + O_2(g) \longrightarrow 2H_2O(l) \qquad \Delta H_4^\ominus$$

(1) $\Delta H_1^\ominus$,$\Delta H_2^\ominus$,$\Delta H_3^\ominus$,$\Delta H_4^\ominus$ 是否分别为 $CO(g)$,$CO_2(g)$,$H_2O(g)$ 和 $H_2O(l)$ 的标准摩尔生成焓?

（2）$\Delta H_1^\ominus$，$\Delta H_2^\ominus$，$\Delta H_3^\ominus$ 是否分别为 C，CO 和 H_2 的标准摩尔燃烧焓？

1-15　某反应 $\Delta_r C_{p,m} < 0$，且为放热反应。根据 $\left(\dfrac{\partial \Delta H}{\partial T}\right)_p = \Delta C_p$，有人说当温度升高时，该反应放出的热量将减少。这种说法对吗？为什么？

1-16　对理想气体的等容过程，其 ΔH 为什么可用公式 $\Delta H = \displaystyle\int_{T_1}^{T_2} C_p dT$ 计算？其等压过程的 ΔU 可用公式 $\Delta U = \displaystyle\int_{T_1}^{T_2} C_V dT$ 来计算吗？

1-17　如果一个系统放热，其内能是否一定减少？其焓是否一定减少？

1-18　在一个绝热的系统中，水向真空蒸发成水蒸气，此过程 $Q=0$，$W=0$，所以 $\Delta U=0$。但我们曾计算过，水变气的过程 $\Delta U>0$。两种说法究竟哪个对？

1-19　在孤立系统中，如果发生一个变化过程，ΔU 是否一定等于 0？ΔH 是否一定等于 0？

1-20　在等压且无非体积功的条件下，$\Delta H = Q_p$。反之，若某过程无非体积功且 $\Delta H = Q$，是否说明该过程一定等压？为什么？

1-21　有一电炉丝浸于水中，以未通电时为初态。以通电一指定时间后为终态，如果按下列几种情况选择系统，问 ΔU，Q 和 W 之值为正、为负、还是为零？（假定电池在放电过程中没有热效应）

（1）以电池为系统；

（2）以电炉丝为系统；

（3）以水为系统；

（4）以水和电炉丝为系统；

（5）以电池和电炉丝为系统。

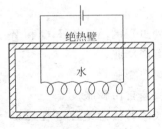

1-21 题图示

1-22 设有一装置如图所示：

（1）将隔板抽去后，ΔU，Q 和 W 是正、是负、还是零？

（2）如果右方小室内也有空气，压力较左方小，将隔板抽去后 ΔU，Q 和 W 是正、是负、还是零？（以上均以容器内的空气为系统）。

（3）以上两小题中的系统是否为孤立系统？

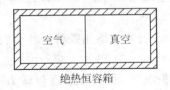

绝热恒容箱

1-22 题图示

1-23 下述说法是否正确？并说明理由：

（1）系统的焓等于等压热；

（2）系统的焓变等于等压热；

（3）系统的焓等于系统的热量。

1-24 等压过程的焓变等于热效应，非等压过程有无焓变？若有，如何计算？

1-25 任何系统的焓 H 是否一定大于内能 U？任一变化过程的 ΔH 是否一定大于 ΔU？理想气体的等温化学反应过程中 ΔH

是否一定大于 ΔU？

1-26 判断下列过程的 $\Delta U, \Delta H, Q$ 和 W 是正、是负、还是零？
（1）理想气体等温膨胀；
（2）理想气体绝热膨胀；
（3）理想气体快速自由膨胀。

1-27 对理想气体的任意绝热过程，$\Delta U = -W$ 是否均适用？
$p_1 V_1^\gamma = p_2 V_2^\gamma$ 是否均适用？对实际气体绝热过程上述二式是否适用？

1-28 将一蓄电池与一电扇相连，电扇开动时需要 0.697A 的电流及 6V 的电压，现将电池及电扇一起放在一个绝热箱中，开动电扇，问 1 分钟后此系统的内能改变多少？

1-29 盖斯定律的内容如何？它能解决什么问题？"化学反应热只决定于反应前后的状态，而与反应的具体途径无关"。这句话有无条件限制？

1-30 什么是生成焓和燃烧焓？利用二者计算反应热的方法有什么不同？

1-31 Kirchhoff 公式的适用条件是什么？它能否用来计算不同温度下的相变热？

1-32 在什么情况下，我们可以近似认为一个化学变化或相变化的 ΔH 不随温度而变化？

1-33 在一绝热恒容容器中，有一绝热隔板用销钉固定。隔板两边均装 1mol $N_2(g)$，状态如图。拔掉销钉后隔板移到一个新的平衡位置。以容器内的 N_2 为系统，求此过程的 $W, Q, \Delta U$ 和 ΔH。

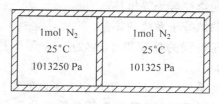

1-33 题图示

1-34 一个化学反应在电池中等温等压进行,放热 10kJ,同时做电功 50kJ。如果该反应过程中的体积功可忽略不计,试问该反应的 ΔU 和 ΔH 各为多少?

1-35 1mol H_2 的状态变化情况如下:

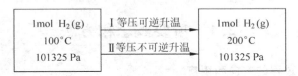

试比较上述二过程中下列各量的大小:

(1) W_I 与 W_{II}；   (2) Q_I 与 Q_{II}；

(3) ΔU_I 与 ΔU_{II}；   (4) ΔH_I 与 ΔH_{II}。

1-36 1mol H_2O 的状态变化如下:

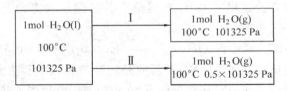

上述二过程的 ΔU_I 和 ΔU_{II} 相同吗? ΔH_I 和 ΔH_{II} 相同吗?

1-37 某系统由状态 A 到达状态 B。沿途径 I 放热 100J,得功 50J,问:

(1) 当沿途径 II 完成变化 A→B 时,做功 80J,其热量应为多少?

(2) 若沿途径 III 由状态 B 回到状态 A,得到 50J 的功,系统吸热还是放热? Q 值等于多少?

1-38 理想气体的 U 与 p 和 V 均无关,所以其内能 U 与 pV 无关。此结论正确吗?

第2章 热力学第二定律

2.1 重要概念和方法

1. 过程的方向和限度

引入可逆过程的概念之后,可以把自然界的过程分为可逆过程和不可逆过程两类,其中不可逆过程代表一切可能发生的过程。

热力学第二定律的主要任务之一是判断一个过程的方向和限度。自然界的过程千差万别,但都有各自固定的方向,例如化学反应

$$HCl(g) + NaOH(aq) \Longrightarrow NaCl(aq) + H_2O(aq)$$

人们认为反应方向是向右,即反应是向着酸和碱中和生成盐和水的方向进行。在一定环境条件下,人们把不需环境做非体积功(即不耗电、光等)就能在系统中自动发生的过程称为自发过程。相反,只有通过耗电、耗光等形式的非体积功才能发生的过程称非自发过程。通常人们所说的过程方向和限度实际上是指自发过程的方向和限度。例如在上例中,并不能说反应不可能向左方进行。因为在氯碱车间里就是将食盐水放入电解槽中,经电解在阳极得到$Cl_2(g)$,在阴极获得 $H_2(g)$ 和 $NaOH(aq)$,然后将 $Cl_2(g)$ 与 $H_2(g)$混合反应得到 $HCl(g)$,即该车间里的过程是盐水变成酸和碱的过程。但这是在给电解槽通电条件下进行的,所以是不自发过程。可逆过程意味着平衡,因此可逆就是过程的限度。可将上述叙述表示如下:

$$\text{自然界的过程} \begin{cases} \text{不可逆过程} \begin{cases} \text{自发过程(代表方向)} \\ \text{非自发过程} \end{cases} \\ \text{可逆过程(代表限度)} \end{cases}$$

2. Gibbs(吉布斯)函数变(ΔG)和 Helmholtz(亥姆霍兹)函数变(ΔA)的物理意义

在等温等压条件下，$-\Delta G$ 代表系统做非体积功的本领(可逆非体积功)，即 $-\Delta G = W'_{T,p,r}$；在等温条件下，$-\Delta A$ 代表系统的做功本领(可逆功)，即 $-\Delta A = W_{T,r}$。上述结论十分重要，它能帮助我们分析思考问题，又有利于计算 ΔG 和 ΔA。

3. 计算 ΔS 和 ΔG(包括 ΔU 和 ΔH)时应注意的问题

(1) 若给定过程没有公式可直接套用，则需在初末态之间设计新的途径。设计途径的原则是确保其中的每个步骤都有公式或结论可用。尤其在设计可逆途径时，不仅要求读者记牢公式，更重要的对几种典型可逆过程(可逆膨胀或压缩、可逆传热、可逆相变和可逆化学反应)理解深刻。

(2) 对于较复杂的系统(例如多相系统)，要注意利用 S, G, U 和 H 等容量性质，用"分割法"将系统划分成多个简单部分，分别计算各部分的 $\Delta S, \Delta G, \Delta U$ 和 ΔH，然后求出总和。这是将复杂问题化简的重要方法之一。对于由多种理想气体构成的系统，亦可按组分进行分割。

4. T 和 p 对其他性质的影响

温度和压力是最常使用的两个人为控制因素，人们总是通过选定适当的 T 和 p 控制生产过程。T 和 p 对于不同系统的 U, H, S, A 和 G 诸性质的影响程度如下：

(1) 温度的影响：对于任何系统，不论是气体、液体、还是固体，T 对上述各函数的影响都是显著的，即使在 ΔT 不很大的情况下，也不可忽略这种影响。

(2) 压力的影响：对于气体物质，p 对 U 和 H 的影响不大，当压力变化不大(即 Δp 值不大)时,可以忽略这种影响。但 p 对 S,G 和 A 有显著影响,任何情况下都不可无视这种影响;对于液体和固体,p 对各函数的影响都很小,即它们对于压力变化都具有不敏感性。因此,在等温时和 Δp 不很大的情况下,液体和固体的 $\Delta U,\Delta H,\Delta S,\Delta G$ 和 ΔA 可近似等于 0。

5. 理想气体的混合性质

理想气体分子间无相互作用,所以将不同理想气体在等温等压下混合时没有热效应和体积效应,因而不引起能量和热容的变化。但根据热力学第二定律,此过程会使熵增加和 Gibbs 函数减少。即 $\Delta_{\mathrm{mix}}H = 0,\Delta_{\mathrm{mix}}V = 0,\Delta_{\mathrm{mix}}U = 0,\Delta_{\mathrm{mix}}C_V = 0,\Delta_{\mathrm{mix}}C_p = 0$,$\Delta_{\mathrm{mix}}S = -R\sum_{\mathrm{B}}n_{\mathrm{B}}\ln x_{\mathrm{B}},\Delta_{\mathrm{mix}}G = RT\sum_{\mathrm{B}}n_{\mathrm{B}}\ln x_{\mathrm{B}}$。这些规律称为理想气体的混合性质。其中 x_{B} 代表物质的量为 n_{B} 的气体 B 在混合物中的摩尔分数。

6. 解答热力学证明题的常用数学方法

证明题是物理化学习题的重要内容之一。下面就解答热力学证明题的常用数学方法以及应注意的问题作些说明:

(1)证明题应以基本关系式、定义式或纯数学函数式为出发点,在证明过程中一般只进行数学演绎而不加入其他现成结论;

(2)恒等式两端同时微分或同时求导;

(3)在一定条件下,将微分式(如 Gibbs 公式)两端同除以某个量的微分;

(4)比较系数法。利用不同方法分别写出同一函数的全微分。在自变量相同的情况下,可以分别比较各项的系数;

(5)利用链关系

$$\left(\frac{\partial z}{\partial x}\right)_y = \left(\frac{\partial z}{\partial t}\right)_y\left(\frac{\partial t}{\partial x}\right)_y$$

（6）利用循环关系

$$\left(\frac{\partial z}{\partial x}\right)_y \left(\frac{\partial x}{\partial y}\right)_z \left(\frac{\partial y}{\partial z}\right)_x = -1$$

不论用哪种数学方法,在遇到偏导数时,应注意下标不可用错,因为多元函数的偏微商在下标不同时代表不同的函数。这一点必须引起读者的注意。

2.2 主要公式

1.
$$dS = \frac{\delta Q_r}{T}$$

或
$$\Delta S = \int_1^2 \frac{\delta Q_r}{T}$$

此式称做熵的定义,其中 S 是系统的熵,δQ_r 是可逆过程的热量。此式适用于封闭系统中的任意可逆过程,它是计算熵变的通式。

2.
$$A = U - TS$$

此式是 Holmholtz 函数 A 的定义式,它适用于任何系统的平衡状态。对于系统中的任意过程,均服从

$$\Delta A = \Delta U - \Delta(TS)$$

3.
$$G = U + pV - TS$$
或
$$G = H - TS$$
或
$$G = A + pV$$

此式是 Gibbs 函数 G 的定义式,它适用于任何系统的平衡状态。所以对于系统中任意过程,均满足

$$\Delta G = \Delta U + \Delta(pV) - \Delta(TS)$$

$$\Delta G = \Delta H - \Delta(TS)$$

$$\Delta G = \Delta A + \Delta(pV)$$

4.
$$\eta = \frac{W}{Q_2} = 1 + \frac{Q_1}{Q_2}$$

式中 η 是在高温热源 T_2 和低温热源 T_1 之间的任意循环的效率，Q_2 和 Q_1 分别为系统与两个热源之间交换的热量，W 为循环过程的净功。对于可逆循环，此式可写作

$$\eta_r = 1 - \frac{T_1}{T_2}$$

在同一组热源间进行的任意循环，其效率 η 必服从

$$\eta \leqslant \eta_r \qquad \left(\begin{array}{l} < \text{在不可逆循环情况下} \\ = \text{在可逆循环情况下} \end{array}\right)$$

此式表明，可逆循环的效率最高。这就是著名的 Carnot（卡诺）定理。

5. $\qquad \Delta S \geqslant \sum \dfrac{\delta Q}{T_环} \qquad \left(\begin{array}{l} > \text{在不可逆情况下} \\ = \text{在可逆情况下} \end{array}\right)$

此式称为 Clausius 不等式。它可以看作是第二定律的数学表示式，因此是一切封闭系统必遵守的规律。式中 $T_环$ 是环境温度，$\sum \dfrac{\delta Q}{T_环}$ 称为过程的热温商。不等式表明：在不可逆过程中熵变大于热温商，在可逆过程中熵变等于热温商，即封闭系统中不可能发生熵变小于热温商的过程。和能量守恒规律一样，它是适用一切过程的普遍关系，所以它是热力学中最根本的判据，用于判断过程是否可逆。应该注意，$\sum \dfrac{\delta Q}{T_环}$ 中的 $T_环$ 虽是环境温度，但在可逆过程中系统与环境处于热平衡，此时环境温度等于系统温度。因此将 Clausius 不等式用于可逆过程时，可把 T 视为系统温度。若以 $\Delta S_环$ 代表环境熵变，则 Clausius 不等式也可表示为

$$\Delta S + \Delta S_环 \geqslant 0 \qquad \left(\begin{array}{l} > \text{在不可逆情况下} \\ = \text{在可逆情况下} \end{array}\right)$$

在许多特定条件下，Clausius 不等式变成多种不同的具体形式：

（1）对于绝热系统

$$\Delta S \geqslant 0 \qquad \binom{> \text{在不可逆情况下}}{= \text{在可逆情况下}}$$

此式表明,绝热不可逆过程使熵增加,绝热可逆过程熵值不变。即绝热系统的熵永不减少,或者说发生在绝热系统中的一切实际过程都会使熵值增加,所以人们常把此式称为熵增加原理。

（2）对于孤立系统,熵增加原理必成立,写作

$$\Delta S \geqslant 0 \qquad \binom{> \text{在自发情况下}}{= \text{在可逆情况下}}$$

此式表明,孤立系统中所发生的一切实际变化都朝着熵增加的方向,即孤立系统总是自发地使熵值增加,直至达到熵值最大的平衡状态为止。此式用于判断孤立系统中过程的方向和限度,称为熵判据。

（3）对于等温过程

$$\Delta A \leqslant -W \qquad \binom{< \text{在不可逆情况下}}{= \text{在可逆情况下}}$$

和

$$\Delta S \geqslant \frac{Q}{T} \qquad \binom{> \text{在不可逆情况下}}{= \text{在可逆情况下}}$$

此二式均可作为确定封闭系统中等温过程是否可逆的判据。

（4）对于等温等压过程

$$\Delta G \leqslant -W' \qquad \binom{< \text{在不可逆情况下}}{= \text{在可逆情况下}}$$

其中 W' 是非体积功(在物理化学中最常见的 W' 是电功、表面功和系统发射或吸收的光等)。此式可写作 $W' \leqslant -\Delta G$,它表明,在等温等压过程中,系统所做的非体积功不可能大于其本身 Gibbs 函数的减少($-\Delta G$)。由此可见,在等温等压过程中,系统的 $-\Delta G$ 相当于该过程做非体积功的最大本领。在热力学中,人们可把上式作为封闭系统中所发生的等温等压过程是否可逆的判据。

（5）对于等温等压且无非体积功的过程

$$\Delta G \leqslant 0 \qquad \binom{< \text{在自发情况下}}{= \text{在可逆情况下}}$$

此式表明,在等温等压且无非体积功的条件下,系统中的自发过程总是朝着 Gibbs 函数减少的方向进行,直至达到在该条件下 G 值最小的平衡状态为止。所以此式称为 Gibbs 函数最小值原理,用于判断封闭系统中等温等压且无非体积功的过程的方向和限度,称之为 Gibbs 函数判据。

（6）对于等温等容过程

$$\Delta A \leqslant -W' \qquad \binom{< \text{在不可逆情况下}}{= \text{在可逆情况下}}$$

其中 W' 为非体积功。此式可作为确定封闭系统的等温等容过程是否可逆的判据。

（7）对于等温等容且无非体积功的过程

$$\Delta A \leqslant 0 \qquad \binom{< \text{在自发情况下}}{= \text{在可逆情况下}}$$

此式表明,在等温等容且没有非体积功的条件下,系统的自发过程总是朝着 Helmholtz 函数减少的方向进行,直至到达在该条件下 A 值最小的平衡状态为止。此式称为 Helmholtz 函数最小值原理,用于判断封闭系统中等温等容且无非体积功过程的方向和限度,称之为 Helmholtz 函数判据。

在以上诸判据中,（2）、（5）和（7）最为重要,尤以（5）实用价值最高。

6.
$$dS = \left(\frac{\partial S}{\partial T}\right)_p dT + \left(\frac{\partial S}{\partial p}\right)_T dp$$

和
$$dS = \left(\frac{\partial S}{\partial T}\right)_V dT + \left(\frac{\partial S}{\partial V}\right)_T dV$$

此二式适用于任意简单物理过程。式中

$$\left(\frac{\partial S}{\partial T}\right)_p = \frac{C_p}{T}, \qquad \left(\frac{\partial S}{\partial T}\right)_V = \frac{C_V}{T}$$

它们分别代表在等压及等容条件下温度对熵的影响。而 $\left(\dfrac{\partial S}{\partial p}\right)_T$

和 $\left(\dfrac{\partial S}{\partial V}\right)_T$ 分别代表压力和体积对熵的影响,它们的值可由状态方程求得。

7. $$\Delta S = nR \ln \frac{V_2}{V_1} = nR \ln \frac{p_1}{p_2}$$

此式适用于理想气体的等温过程(等温膨胀或等温压缩)。

8. $$\Delta S = \int_{T_1}^{T_2} \frac{C_p}{T} \mathrm{d}T$$

此式适用于等压简单变温过程。若在 T_1 到 T_2 之间允许把定压热容 C_p 当作常数,则公式可写作

$$\Delta S = C_p \ln \frac{T_2}{T_1}$$

9. $$\Delta S = \int_{T_1}^{T_2} \frac{C_V}{T} \mathrm{d}T$$

此式适用于等容简单变温过程。若在 T_1 到 T_2 之间允许把定容热容 C_V 视为常数,则公式写作

$$\Delta S = C_V \ln \frac{T_2}{T_1}$$

10. $$\Delta S = \frac{Q}{T}$$

此式适用于等温可逆过程。

11. $$\Delta S = \frac{\Delta H}{T}$$

此式适用于等温等压且没有非体积功的可逆过程。通常的可逆相变多属于这种情况,所以此式经常用来计算可逆相变过程的熵变。

12. $$\Delta_{\mathrm{mix}} S = -R \sum_{\mathrm{B}} n_{\mathrm{B}} \ln x_{\mathrm{B}}$$

式中 $\Delta_{\mathrm{mix}}S$ 为混合熵,B 是参与混合的气体,x_B 是混合气体中 B 的摩尔分数。此式适用于不同理想气体在等温等压下的混合过程。

13.
$$\Delta_r S_m^{\ominus} = \sum_B \nu_B S_{m,B}^{\ominus}$$

其中 $\Delta_r S_m^{\ominus}$ 是化学反应的标准摩尔熵变,$S_{m,B}^{\ominus}$ 是参与反应的任一物质 B 的标准摩尔熵,ν_B 为 B 的化学计量数。由于各种物质的 $S_m^{\ominus}(298.15\mathrm{K})$ 可从手册中直接查到,所以可用此式方便地计算各种化学反应的 $\Delta_r S_m^{\ominus}(298.15\mathrm{K})$。

14.
$$\Delta S_{环} = -\frac{Q}{T_{环}}$$

此式中 $\Delta S_{环}$ 为环境的熵变,$T_{环}$ 为环境温度,Q 为过程的热量。应该指出,只有当环境比系统大得多的时候,环境熵变方可用此式计算。

15.
$$\Delta G = \Delta H - T\Delta S$$

此式适用于等温过程。众多的物理过程和化学过程都是在等温条件下进行的,所以此式应用十分普遍。

16.
$$\Delta G = nRT \ln \frac{p_2}{p_1} = nRT \ln \frac{V_1}{V_2}$$

此式适用于理想气体的等温过程(等温膨胀或压缩)。

17.
$$\Delta_{\mathrm{mix}}G = RT \sum_B n_B \ln x_B$$

式中 $\Delta_{\mathrm{mix}}G$ 称混合 Gibbs 函数。此式适用于不同理想气体在等温等压下的混合过程,其中 x_B 是气体混合物中 B 的摩尔分数。

18.
$$\Delta_r G_m^{\ominus} = \Delta_r H_m^{\ominus} - T\Delta_r S_m^{\ominus}$$

式中 $\Delta_r G_m^{\ominus}$、$\Delta_r H_m^{\ominus}$ 和 $\Delta_r S_m^{\ominus}$ 分别为化学反应的标准摩尔 Gibbs 函数变、标准摩尔焓变和标准摩尔熵变,T 是反应温度。此式适用于等温化学反应。

19.
$$\left[\frac{\partial}{\partial T}\left(\frac{G}{T}\right)\right]_p = -\frac{H}{T^2}$$

此式称 Gibbs-Helmholtz 公式,描述纯物质的 Gibbs 函数随温度的变化关系。该式适用于任意纯物质的平衡状态,多数情况下,用于理论推导和证明。

20.
$$\left[\frac{\partial}{\partial T}\left(\frac{\Delta G}{T}\right)\right]_p = -\frac{\Delta H}{T^2}$$

或
$$\frac{\Delta G_2}{T_2} = \frac{\Delta G_1}{T_1} - \int_{T_1}^{T_2} \frac{\Delta H}{T^2}\mathrm{d}T$$

此式为 Gibbs-Helmholtz 公式的另外一种表达形式,其中 ΔG 和 ΔH 分别是某等温等压过程的 Gibbs 函数变和焓变。此式描述等温等压过程的 ΔG 随过程温度的变化关系。如果已知 T_1 时某等温等压过程的 ΔG_1,就可通过此式计算另一温度 T_2 时的 ΔG_2。此式多用于相变过程及化学反应。在应用此式时,必须保证同一种物质在 T_1 和 T_2 时具有相同的相态。如果物质在 T_1 至 T_2 之间发生相变,则公式不能套用。

21.
$$\Delta A = \Delta U - T\Delta S$$

此式适用于等温过程。

22.
$$\Delta A = nRT \ln \frac{p_2}{p_1} = nRT \ln \frac{V_1}{V_2}$$

此式适用于理想气体的等温过程(等温膨胀或压缩)。

23.
$$\mathrm{d}U = T\mathrm{d}S - p\mathrm{d}V$$
$$\mathrm{d}H = T\mathrm{d}S + V\mathrm{d}p$$
$$\mathrm{d}A = -S\mathrm{d}T - p\mathrm{d}V$$
$$\mathrm{d}G = -S\mathrm{d}T + V\mathrm{d}p$$

此四式称为 Gibbs 公式,是封闭系统的基本关系式。严格讲,公式只适用于封闭系统中无非体积功的可逆过程。但对于双变量系统(即系统中只发生简单物理变化,这类系统一般只有两个独立变量),Gibbs 公式是全微分式,所以不论过程是否可逆均可直接套用。对于相变、混合以及化学反应,只有可逆才能使用,即公式不

适用于实际进行的复杂物理过程和化学过程。由此可见，Gibbs
公式主要用于计算简单物理过程的状态函数变，其次用于理论推
导和分析问题。

24.
$$\left(\frac{\partial U}{\partial S}\right)_V = T, \qquad \left(\frac{\partial U}{\partial V}\right)_S = -p$$

$$\left(\frac{\partial H}{\partial S}\right)_p = T, \qquad \left(\frac{\partial H}{\partial p}\right)_S = V$$

$$\left(\frac{\partial A}{\partial T}\right)_V = -S, \qquad \left(\frac{\partial A}{\partial V}\right)_T = -p$$

$$\left(\frac{\partial G}{\partial T}\right)_p = -S, \qquad \left(\frac{\partial G}{\partial p}\right)_T = V$$

这八个公式称为对应系数关系式，多用于理论推导。另外这些公
式对于分析思考问题往往提供帮助，具有工具作用。

25.
$$\left(\frac{\partial p}{\partial S}\right)_V = -\left(\frac{\partial T}{\partial V}\right)_S$$

$$\left(\frac{\partial V}{\partial S}\right)_p = \left(\frac{\partial T}{\partial p}\right)_S$$

$$\left(\frac{\partial S}{\partial V}\right)_T = \left(\frac{\partial p}{\partial T}\right)_V$$

$$\left(\frac{\partial S}{\partial p}\right)_T = -\left(\frac{\partial V}{\partial T}\right)_p$$

这四个公式称 Maxwell 关系式，适用于处于平衡状态的任意物
质。公式将一些难于用实验测定的量（例如$(\partial S/\partial p)_T$）转化成容
易测定的量（例如$-(\partial V/\partial T)_p$）。另外它们也用于理论推导或分
析思考问题。

26.
$$\left(\frac{\partial U}{\partial V}\right)_T = T\left(\frac{\partial p}{\partial T}\right)_V - p$$

和
$$\left(\frac{\partial H}{\partial p}\right)_T = -T\left(\frac{\partial V}{\partial T}\right)_p + V$$

此二式称为热力学状态方程。它们分别表示在等温条件下 V 对

U 的影响和 p 对 H 的影响,说明可以通过 pVT 状态方程或实验测量得到内压和 $(\partial H/\partial p)_T$ 的值。

2.3 思 考 题

2-1 什么是可逆过程?什么是不可逆过程?什么是自发过程?自发过程是否都是不可逆过程?不可逆过程是否都是自发过程?

2-2 理想气体等温膨胀过程中 $\Delta U = 0$,$Q = W$,即膨胀过程中系统所吸收的热全部变成了功,这是否违反热力学第二定律?为什么?

2-3 试说明两块温度不同的铁相接触时,热的传递是不可逆过程。

2-4 由热力学原理说明,自同一始态出发,绝热可逆过程与绝热不可逆过程不可能到达同一个末态。

2-5 试证明系统经绝热不可逆过程由状态 A 到达状态 B 之后,不可能经过任何一个绝热过程使系统由 B 回到 A。

2-6 如图所示,1mol 理想气体始态为 A,终态为 B。其变化可由两个途径分别完成:

$$A \xrightarrow{(1)} C \xrightarrow{(2)} B \ 及 \ A \xrightarrow{(3)} B,$$

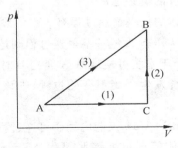

2-6 题图示

试证明：

(1) $Q_1 + Q_2 \neq Q_3$；

(2) $\Delta S_1 + \Delta S_2 = \Delta S_3$。

2-7 判断下列说法是否正确。

(1) 在可逆过程中系统的熵值不变；

(2) 系统处于平衡状态时，其熵值最大；

(3) 在任一过程中，$\Delta S = \int_1^2 \dfrac{\delta Q}{T}$；

(4) A 是系统中能够做功的能量；

(5) G 是系统中能够做非体积功的能量；

(6) 对于封闭系统，一种气体从初态到末态，只要各过程是可逆的，不管经过什么途径，此变化的 $\int_{V_1}^{V_2} p\mathrm{d}V$ 值是一常数；

(7) 所有理想气体在定压下有相同的热容；

(8) 理想气体的 C 与压力无关；

(9) 理想气体的熵仅是温度的函数；

(10) 热力学第一定律要求任何系统的总能量在该系统内转换；

(11) 孤立系统的焓必是常数；

(12) 孤立系统的熵必是常数；

(13) 理想气体的任一绝热过程有 $pV^\gamma = $ 常数；

(14) 若系统从初态 A 经一不可逆过程到达末态 B，则此过程中环境的熵变必小于系统可逆地由 A 变到 B 时环境的熵变；

(15) 如果系统发生一熵不变的过程，则该过程必定是可逆、绝热的；

(16) $\mathrm{d}H = T\mathrm{d}S + V\mathrm{d}p$ 仅能应用于可逆过程。

2-8 理想气体等温可逆膨胀过程 $\Delta S = nR\ln(V_2/V_1) > 0$。但根据熵判据，可逆过程中 $\Delta S = 0$。两种说法是否矛盾？

2-9 有人说,如一个化学反应的 $\Delta_r H_m^{\ominus}$ 与温度无关,其 $\Delta_r S_m^{\ominus}$ 也与温度无关。这种说法有无道理?

2-10 有一绝热系统,如图。当抽去隔板后,空气向真空膨胀,此过程 $Q=0$,所以 $\Delta S=0$,这种说法对吗?

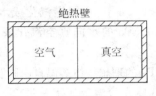

2-10 题图示

2-11 一个化学反应的反应热除以反应温度(即 $\Delta_r H_m^{\ominus}/T$)就是此反应的 $\Delta_r S_m^{\ominus}$。这种说法对吗?

2-12 某系统由状态 A 出发分别经绝热可逆过程 Ⅰ 和绝热不可逆过程 Ⅱ 到达状态 B,则 $\Delta S_I=0$,$\Delta S_{II}>0$。但 S 是状态函数,ΔS_I 应与 ΔS_{II} 相等。你如何解释这个矛盾?

2-13 由状态 A 出发,系统分别沿可逆途径 Ⅰ 和不可逆途径 Ⅱ 到达末态 B。在此二途径中,环境的熵变分别为 $\Delta S_{环(I)}$ 和 $\Delta S_{环(II)}$。因为 S 是状态函数,其增量与途径无关,即 $\Delta S_{环(I)}=\Delta S_{环(II)}$。因此,不论在可逆过程中还是在不可逆过程中,环境的熵变相同。此结论是否正确?

2-14 非自发过程(如电解水的过程)服从 $dS>\dfrac{\delta Q}{T}$ 式,还是服从 $dS<\dfrac{\delta Q}{T}$ 式?

2-15 举例说明在什么过程中或在什么条件下有下列结果:

(1) $\Delta U=0$;   (2) $\Delta H=0$;   (3) $\Delta A=0$;

(4) $\Delta G=0$;   (5) $\Delta S=0$。

2-16 理想气体由 p_1 等温膨胀到 p_2,则 $\Delta G=nRT\ln\dfrac{p_2}{p_1}$。因

为 $p_2 < p_1$，所以 $\Delta G < 0$，因此可以判断此过程为自发过程。这种说法正确与否？

2-17 试判断下列过程的 $Q, W, \Delta U, \Delta H, \Delta S, \Delta A$ 和 ΔG 的值是正、是负、是零、还是无法确定：

(1) 100℃，101325Pa 下，水可逆汽化成水蒸气；

(2) 100℃，101325Pa 的水向真空汽化成 100℃，101325Pa 的水蒸气；

(3) 0℃，101325Pa 的理想气体等温自由膨胀到 0.5×101325Pa；

(4) 两种理想气体在等温等压下相混合；

(5) $H_2(g)$ 和 $O_2(g)$ 在绝热的刚体容器中发生下列反应：

$$2H_2(g) + O_2(g) \longrightarrow 2H_2O(g)$$

(6) 理想气体的卡诺循环；

(7) 室温下 $H_2(g)$ 的节流膨胀过程(已知室温下 H_2 的 $\mu_{J-T} < 0$)；

(8) 在绝热恒容的容器中，温度及压力均不相同的两种理想气体相混合(以全部气体为系统)。

2-18 理想气体在等温条件下进行自由膨胀。则此过程 $dU = 0$，$p dV = \delta W = 0$。根据基本关系式 $dU = TdS - p dV$ 可知，$T dS = 0$，所以此过程 $dS = 0$，即此过程熵不变。上述推理和结论是否正确？

2-19 根据 $dG = -SdT + Vdp$，对任意等温等压过程 $dT = 0$，$dp = 0$，则 dG 一定为零。此结论对吗？为什么？

2-20 $S_m(H_2O, l, 100℃, 101325Pa)$ 与 $S_m(H_2O, g, 100℃, 101325Pa)$ 是否相同？$G_m(H_2O, l, 100℃, 101325Pa)$ 与 $G_m(H_2O, g, 100℃, 101325Pa)$ 是否相同？

2-21 (1) 水（25℃，101325Pa）$\xrightarrow{p_汽 = 101325Pa}$ 汽（25℃，101325Pa），此过程的 ΔG 大于 0 还是小于 0？该过程是否为自发过程？

（2）如果将 25℃ 的水放在 25℃ 的大气中，水便会自动蒸发。此现象与（1）中的结论是否矛盾？

2-22 下列公式中哪些只适用于理想气体？

（1）$\Delta U = Q - W$；

（2）$p_1 V_1^{\gamma} = p_2 V_2^{\gamma}$；

（3）$\Delta G = \Delta H - T\Delta S$；

（4）$\Delta G = nRT\ln\dfrac{p_2}{p_1}$；

（5）$C_p - C_V = nR$；

（6）$dG = -SdT + Vdp$；

（7）$\Delta H = \displaystyle\int_{T_1}^{T_2} C_p dT$；

（8）$\Delta S = \left[\dfrac{\partial(-\Delta G)}{\partial T}\right]_p$

2-23 $-\Delta G$ 代表系统在等温等压条件下所能做的最大非体积功。但根据 $dG = -SdT + Vdp$，当 T 与 p 不变时 $dG = 0$，即 $W' = 0$。这两种结果是否相矛盾？

2-24 单组分均相系统如果经过一个 $\Delta U > 0$ 的过程，ΔS 是否一定大于 0？为什么？

2-25 某实际气体的状态方程为 $pV_m = RT + ap$，其中 a 为大于 0 的常数。

（1）此气体经绝热向真空膨胀过程，气体的温度将上升、下降、还是不变？

（2）此气体经过节流膨胀后，温度将如何变化？

（3）此气体偏离理想气体，主要的微观原因是什么？

2-26 下列求熵变的公式哪些是正确的，哪些是错误的？

（1）理想气体向真空膨胀

$$\Delta S = nR\ln\frac{V_2}{V_1}；$$

（2）水在 25℃，101325Pa 下蒸发成 25℃，101325Pa 的水蒸气

$$\Delta S = \frac{\Delta H - \Delta G}{T}；$$

（3）在恒温恒压下，可逆电池反应 $\Delta S = \dfrac{\Delta H}{T}$；

（4）实际气体的节流膨胀

$$\Delta S = \int_{p_1}^{p_2} \left(-\frac{V}{T} \right) \mathrm{d}p;$$

（5）等温等压不可逆相变

$$\Delta S = \left[\frac{\partial(-\Delta G)}{\partial T} \right]_p$$

2-27 在下列过程中，哪些可以应用公式 $\mathrm{d}U = T\mathrm{d}S - p\mathrm{d}V$，哪些不能用？

（1）NO_2 气体缓慢膨胀，始终保持化学平衡

$$NO_2 \rightleftharpoons NO + \frac{1}{2}O_2;$$

（2）NO_2 气体以一定速度膨胀，离解出的 $NO + \frac{1}{2}O_2$ 总是比平衡组成落后一段；

（3）SO_3 在不解离为 $\frac{1}{2}O_2 + SO_2$ 的条件下膨胀；

（4）水在 $-10\,^\circ\!C$ 时结冰；

（5）可逆电池内的化学反应 $A \longrightarrow B + C$。

2-28 某系统由状态 A 出发，经过可逆过程 Ⅰ 到达状态 B，再由状态 B 经过一个不可逆过程 Ⅱ 回到 A，如图所示。

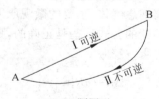

2-28 题图示

因为这是一个不可逆循环过程，故

$$\oint \frac{\delta Q}{T} < 0$$

即

$$\int_A^B \frac{\delta Q_{(I)}}{T} + \int_B^A \frac{\delta Q_{(II)}}{T} < 0$$

$$\int_A^B \frac{\delta Q_{(I)}}{T} - \int_A^B \frac{\delta Q_{(II)}}{T} < 0$$

而 I 为可逆过程,故

$$\int_A^B \frac{\delta Q_{(I)}}{T} = \Delta_A^B S$$

$$\Delta_A^B S < \int_A^B \frac{\delta Q_{(II)}}{T}$$

即熵变小于不可逆过程的热温商。此结论与 Clausius 不等式相矛盾,错在何处?

2-29 1mol 单原子理想气体沿过程 $T = aV^2$(a 为常数)被可逆地加热。若初态为 0℃,末态为 300℃。如何计算此过程的熵变 ΔS?

2-30 若 1mol 单原子理想气体的 Helmholtz 函数 A 服从关系

$$\frac{A}{RT} = \ln\left(\frac{p}{T^{5/2}}\right) - (a-1)$$

其中 a 是与 T,p 和 V 无关的常数。试写出此气体 S, U, H, G, C_p 和 C_V 的表达式。

2-31 在等温情况下,理想气体发生状态变化时,ΔA 和 ΔG 的值是否相等。

2-32 在 298K,101325Pa 时,反应

$$H_2O(l) \longrightarrow H_2(g) + \frac{1}{2}O_2(g)$$

的 $\Delta G > 0$,说明该反应不能进行。但实验室内常用电解水法制取 H_2 和 O_2。这二者有无矛盾?

2-33 在 298.2K,101325Pa 时,反应

$$H_2(g) + \frac{1}{2}O_2(g) \longrightarrow H_2O(l)$$

可以通过催化作用以不可逆方式进行,也可以组成电池以可逆方式进行,试问两种方式的 ΔS 是否相同? Q 是否相同? W 是否相同?

2-34 因为在等温等压下化学反应无论是否可逆,其反应热均等于该过程的 ΔH,所以反应的 $\Delta S = Q_r/T = \Delta H/T$,对吗?

2-35 一个系统经历一个无限小的过程,此过程是否必为可逆过程?

2-36 在什么条件下

$$\Delta G = \Delta H + T\left(\frac{\partial \Delta G}{\partial T}\right)_p$$

才是正确的?

2-37 公式 $\left(\frac{\partial G}{\partial p}\right)_{T,n} = \left(\frac{\partial H}{\partial p}\right)_{S,n}$ 的适用条件是等温等熵过程,还是任何处于平衡状态的系统?

2-38 有人说:一个系统熵的减少,只能通过系统向环境放热来实现。你认为这种说法是否正确?

2-39 试将下述说法的错误部分改正:

公式 $\qquad \left(\frac{\partial U}{\partial V}\right)_S = -p, \left(\frac{\partial S}{\partial V}\right)_T = \left(\frac{\partial p}{\partial T}\right)_V$

和 $\qquad \mathrm{d}S = C_p \mathrm{d}\ln\{T\} - nR\,\mathrm{d}\ln\{p\}$

都适用于任何物质。

2-40 如果一个气相反应 $A(g) \longrightarrow B(g) + C(g)$ 在等温等压下是放热反应。现使其在一个绝热恒容容器中以一定速率进行,则此反应的 $\Delta U, \Delta H$ 和 ΔS 是大于零、小于零、等于零、还是无法判断?

2-41 若某气体具有正 Joule-Thomson 效应(即 $\mu_{J-T} > 0$),则其节流过程的 ΔS 大于 0、小于 0、还是等于 0? 如果其具有负 Joule-Thomson 效应,情况又如何呢?

2-42 1mol 100℃,1013250Pa 的 $H_2(g)$,在 101325Pa 的恒定

外压下绝热膨胀到 101325Pa,则此过程的 ΔS 大于 0、小于 0、还是等于 0? 然后用 1013250Pa 的恒外压,将该气体再绝热压缩到 1013250Pa,则此过程的 ΔS 如何?

2-43 一个绝热不良的 400K 的恒温槽(即由于热容极大,温度不易变化)向 300K 的空气散热 1200J,试问:

(1) 此过程中恒温槽的熵变为多少?

(2) 此过程的热温商等于多少?

(3) 此过程是否可逆? 为什么?

2-44 300K,101325Pa 下,在烧杯内进行的某化学反应的 $\Delta_r G_m = -900 \text{J} \cdot \text{mol}^{-1}$,试用熵增加原理证明该反应不可逆。

2-45 25℃时,某密闭容器内发生了化学反应 A(g)+B(g)⟶ C(g),热效应为 a J · mol^{-1}。若使此反应在电池内可逆地进行(与上述反应的初末态相同),热效应为 b J · mol^{-1}。问 $a>b$、$a<b$、$a=b$、还是无法比较二者的大小?

2-46 指出下列各公式的适用条件

(1) $dU = \delta Q - p dV$;

(2) $\Delta H = \int_{T_1}^{T_2} C_p dT$;

(3) $dS = \left(\dfrac{\partial p}{\partial T}\right)_V dV$;

(4) $\left(\dfrac{\partial G}{\partial T}\right)_p = -S$;

(5) $\Delta S = nR \ln \dfrac{p_1}{p_2}$。

2-47 对于下列每个过程,系统的 $\Delta U, \Delta H, \Delta S, \Delta A$ 和 ΔG,哪个为零?

(1) 非理想气体的卡诺循环;

(2) 非理想气体节流膨胀;

(3) 理想气体节流膨胀;

(4) H_2 和 O_2 在绝热弹式容器中反应生成 H_2O；

(5) 等 T 等 p 下 HCl 和 NaOH 反应生成盐和水。

2-48 100℃，101325Pa 的 1mol H_2O（1）向真空蒸发成 100℃，101325Pa 的汽，求此过程的 ΔG。该过程是否为可逆过程？该过程是否为等温等压过程？能否用 Gibbs 函数减少原理判断此过程的方向性？能否用熵增加原理来判断？并请加以说明。

2-49 如下图所示：

Ⅰ 为理想气体等温可逆膨胀过程，Ⅱ 为可逆电池的等温可逆放电过程。

（1）求过程Ⅰ的体积功；

（2）求过程Ⅱ的体积功和电功。

2-50 工程技术人员经常对化学反应近似使用公式

$$\Delta G^{\ominus} = \Delta H^{\ominus}(298K) - T\Delta S^{\ominus}(298K)$$

其中 T 为反应温度。此公式的适用条件是什么？

2-51 可逆过程的主要特点是：当系统恢复到原来状态时，环境也同时复原（即不留下影响）。卡诺循环是可逆过程，为什么系统复原后，环境得到功失去热（即没有复原）？

2-52 试论证：在一定压力下，若初态物质的定压热容与末态物质相等，则 ΔG 与 T 成线性关系。该直线的斜率和截距各等于什么？

2-53 在 101325Pa 下，110℃ 的过热水变为 110℃ 的水蒸气。此过程 $Q_p = \Delta H$，因而 Q 与过程可逆与否无关，所以上述相变过程

$$\Delta S = \frac{Q_r}{T} = \frac{Q_p}{T} = \frac{\Delta H}{T}$$

式中 $T = 383\text{K}$。这种想法正确吗？为什么？

2-54 因为

$$C_p + C_V = T\left(\frac{\partial S}{\partial T}\right)_p + T\left(\frac{\partial S}{\partial T}\right)_V$$

$$= T\left(\frac{\partial S}{\partial V}\right)_p\left(\frac{\partial V}{\partial T}\right)_p + T\left(\frac{\partial S}{\partial p}\right)_V\left(\frac{\partial p}{\partial T}\right)_V$$

又据 Maxwell 关系式

$$\left(\frac{\partial S}{\partial V}\right)_p = \left(\frac{\partial p}{\partial T}\right)_V$$

$$\left(\frac{\partial S}{\partial p}\right)_V = -\left(\frac{\partial V}{\partial T}\right)_p$$

所以 $C_p + C_V = T\left(\frac{\partial p}{\partial T}\right)_V\left(\frac{\partial V}{\partial T}\right)_p - T\left(\frac{\partial V}{\partial T}\right)_p\left(\frac{\partial p}{\partial T}\right)_V = 0$

$$C_p = -C_V$$

显然,这个结论是错误的。试指出上述推导错在何处？

2-55 有人说：吸热过程熵必增加,而放热过程熵必减少。这种说法有无道理？

2-56 试用 Clausius 不等式证明,等温可逆过程功值最大。

2-57 试用 Helmholtz 函数判据论证,等温可逆过程功值最大。

2-58 试证明：

（1）如果从同一状态出发,分别经绝热可逆过程和绝热不可逆过程到达相同的体积,则绝热可逆过程功值最大。

（2）从同一状态出发,分别经绝热可逆过程和绝热不可逆过程到达相同压力,则绝热可逆过程功值最大。

2-59 有人说：等温可逆过程中,功值最大,热值也最大。对吗？

2-60 封闭系统分别由途径 I 和 II 完成相同的状态变化。若过程 I 可逆,则 $\Delta S_{孤,I} = \Delta S + \Delta S_{环} = 0$；若过程 II 不可逆,则

$\Delta S_{\text{孤},\text{II}} = \Delta S + \Delta S_{\text{环}} > 0$，可见 $\Delta S_{\text{孤},\text{I}} < \Delta S_{\text{孤},\text{II}}$。因为以上过程 I 和 II 的初末状态分别相同，而熵是状态函数，所以 $\Delta S_{\text{孤I}} = \Delta S_{\text{孤II}}$。两个结论为什么相矛盾？

2-61 证明，$T \to 0$ 时，$C_p = C_V$。

2-62 已知在 101325Pa 下，液态水在 4℃时的密度最大。试证明，在 4℃，101325Pa 时水的 $C_p = C_V$。

2-63 证明 C_p 不可能小于 C_V。

2-64 试证明：

(1) 在等 S 等 V 且 $W' = 0$ 的条件下，系统内的自发过程总是向着 U 减少的方向；

(2) 在等 S 等 p 且 $W' = 0$ 的条件下，系统内的自发过程总是向着 H 减少的方向。

2-65 有人说：在一定温度下，理想气体的 G 随压力变化完全是由熵随压力变化决定的。此话有无道理？

2-66 "若系统的熵减少，则环境的熵必增加。"此话有无道理？

2-67 1mol $N_2(T, p)$ 与另外 1mol $N_2(T, p)$ 在等温等压下混合成 2mol $N_2(T, p)$。若把 N_2 视为理想气体，根据混合熵公式

$$\Delta_{\text{mix}} S = -R \sum_{\text{B}} n_{\text{B}} \ln x_{\text{B}}$$

可知此过程的混合熵为

$$\Delta_{\text{mix}} S = -R \left(\ln \frac{1}{2} + \ln \frac{1}{2} \right) = 2R \ln 2 > 0 \tag{1}$$

此结论服从熵增加原理，所以是正确的。可是，根据状态函数的意义，此过程是同一气体 T 和 p 均不变的过程，即热力学状态没有发生变化，因此该混合过程的熵变应为

$$\Delta_{\text{mix}} S = 0 \tag{2}$$

如何解释(1)式与(2)式的矛盾？

2-68 在炎热的夏天，有人提议打开室内正在运行的电冰箱

的门,以降低室温。你认为此建议是否合理。

2-69 某容器通过一个阀门与气缸相连,容器及气缸中分别装有 $H_2(g)$ 和 $O_2(g)$,状态如下图所示。

2-69 题图示

(1) 在等温情况下,在打开阀门的同时用 1013250Pa 的恒定外压将气缸内的 O_2 全部压入容器。则此过程的 ΔU, ΔS 和 Q 大于零、小于零、还是等于零?

(2) 在等温情况下,若先打开阀门,待两种气体混合之后,再将气体可逆压缩到容器中。则此过程的 ΔU, ΔS 和 Q 大于零、小于零、还是等于零?

(3) 若在绝热情况下完成过程(1),则 ΔU, ΔS 和 W 大于零、小于零、还是等于零?

(4) 若在绝热情况下完成过程(2),则 ΔU, ΔS 和 W 大于零、小于零、还是等于零?

(5) 试分别比较过程(1)和(2)以及过程(3)和(4)中 ΔU 和 ΔS 的大小。

第3章 统计热力学

3.1 重 要 概 念

1. 能量量子化及能级间隔

分子的运动具有平动、转动、振动、电子运动和核运动五种形式。若把这些运动视为相互独立的,则分子的能量为

$$\varepsilon = \varepsilon_t + \varepsilon_r + \varepsilon_v + \varepsilon_e + \varepsilon_n$$

由于等式右端的五种能量都是量子化的,所以分子能量 ε 是量子化的。分子的状态用量子数描述,称做量子态。分子总是处在一个个数值不连续的能级上。同一能级上所包括的不同量子态的数目称简并度,它是各能级本身的性质。一般说来,各个能级都有很大的简并度;一个宏观上处于平衡状态的系统,在微观上却是瞬息万变的:分子除在不同的能级间不停地跃迁外,还在同一能级上的不同量子态间不断地变化着。所以,处理由 10^{20} 以上个分子构成的系统,必须用统计平均的方法;相邻能级间的能量差称为能级间隔,各运动的能级间隔具有如下关系:

$$\Delta\varepsilon_t < \Delta\varepsilon_r < \Delta\varepsilon_v < \Delta\varepsilon_e < \Delta\varepsilon_n$$

一般 $\Delta\varepsilon_t$ 和 $\Delta\varepsilon_r$ 分别为 $10^{-19}kT$ 和 $10^{-2}kT$,能级差很小,分子较容易实现从低能级向高能级的跃迁,因此可将平动和转动近似当作能量连续变化的情况来处理。而 $\Delta\varepsilon_v$ 约为 $10kT$,$\Delta\varepsilon_e$ 约为 10^2kT,$\Delta\varepsilon_n$ 值更大,所以处理振动、电子运动和核运动时,必须考虑能量变化的不连续性。能量较高的分子可完成振动跃迁,但电子运动的跃迁就难得多了,所以在一般情况下电子运动处于基态。由于 $\Delta\varepsilon_n$ 值太大,在一般物理化学过程中核运动总是处在基态,即在过

程前后核运动情况不变,所以在处理具体问题时,通常忽略核运动。

2. 熵的统计意义

由 Boltzmann 公式 $S=k \ln \Omega$ 可知,熵是系统微观状态数的度量,即熵值随微观状态数的增加而增加。因此从本质上讲,影响微观状态数的因素就是影响熵的因素:① 分子数越多,熵值越大。例如,分解反应导致 S 值增加,这是由于分子数增加,使得 Ω 值增大,于是 S 值增大。② 分子占用的能级越多,S 值越大。例如,当温度升高时,许多分子由于吸收能量而向较高能级跃迁,即分子占用的能级数增多,因而 Ω 值增大,S 值增加。当体积增大(膨胀)时,使得平动能级间隔变小,平动能级变得密集,于是分子占据的能级数增多,结果 Ω 值增大,S 值增加。③ 能级的简并度越大,S 值越大。例如,在一定温度和压力下,对同一种物质而言,液体的熵大于固体的熵,气体的熵大于液体的熵,即 $S_m(\mathrm{g}) > S_m(\mathrm{l}) > S_m(\mathrm{s})$。这是由于液体分子比固体增加了转动运动,而气体分子又比液体分子增加了平动运动。分子运动形式越多,各能级的简并度越大,Ω 就越大,使得 S 值越大。

3. Boltzmann 统计及其宏观约束条件

Boltzmann 统计属于平衡统计,它以等几率假设为基础,用最可几分布代表平衡状态。Boltzmann 分布定律指出,在最可几分布时,任一能级上的分子在总分子数中所占的比例等于该能级上的有效量子态在总有效量子态中所占的比例。该定律的导出,是基于系统的 U、V 和 N 确定的情况。即在能够实现系统的同一宏观状态的所有分布中,不论哪一种分布类型,对独立子系,均要满足

$$\sum_{\text{能级}} n_i = N, \qquad \sum_{\text{能级}} n_i \varepsilon_i = U$$

4. 配分函数

由定义 $q = \sum g_i \exp(-\varepsilon_i/kT)$ 可知,配分函数代表分子可占

用的所有能级上的有效量子态之和。q 是一个无量纲的微观量,其值的大小与分子性质有关,但它并不是分子本身固有的性质,当系统的 U,V,N 确定时 q 有定值。通常记作 $q = f(T,V,N)$。配分函数在统计力学中占有极其重要的地位。平衡统计力学的主要任务之一是用分子性质计算系统的宏观性质,这一任务正是通过配分函数来完成的。

5. 零点能的取值

能量值总是相对的,所以任一能级的能值总是相对于零点能的取值。而这种取值具有人为选择性,零点能的选择将产生如下影响:

(1)对各能级的能量标度产生影响。若基态能量为 $\varepsilon_0(\varepsilon_0 \neq 0)$ 时任一能级的标度为 ε_i,当将基态能量定为 $\varepsilon_0' = 0$ 时,上述能级的标度为 ε_i',则

$$\varepsilon_i' = \varepsilon_i - \varepsilon_0$$

(2)对配分函数产生影响。能量标度的改变造成各能级的 Boltzmann 因子的改变,从而导致配分函数值的变化。若(1)中两种选择时的配分函数分别为 q 和 q',则

$$q = q' \exp(-\varepsilon_0/kT)$$

(3)对状态函数产生影响。零点能的不同选择对 U 产生影响,而对 S 和 p 无任何影响。由于 H, A 和 G 的定义均与 U 有关,所以它们必受零点能选择的影响。

6. 统计熵

在统计热力学中,由配分函数计算出的系统的熵称为统计熵。分子各种运动均对熵有独立的贡献。它们分别叫做平动熵、转动熵、振动熵、电子熵和核熵。记作

$$S = S_t + S_r + S_v + S_e + S_n$$

在利用此关系进行具体计算时,只需计算 S_t, S_r 和 S_v 即可。

3.2 主要公式

1.
$$\varepsilon_t = \frac{h^2}{8mV^{2/3}}(n_x^2 + n_y^2 + n_z^2)$$

式中 ε_t 为分子的平动能，V 为分子可以平动的空间体积，m 为分子质量，h 为 Planck 常数（$h = 6.6262 \times 10^{-34} \text{J} \cdot \text{s}$），$n_x$，$n_y$ 和 n_z 为平动量子数，它们均可以取任意正整数。可以看出，平动能级的能值与体积 V 有关，即平动能值随体积增大而减小。因此，体积增大，平动的能级间隔变小，能级变得稠密。这是平动的主要特点之一。

2.
$$\varepsilon_r = \frac{j(j+1)h^2}{8\pi^2 I}$$

式中 ε_r 代表双原子分子的转动能，h 为 Planck 常数，j 是转动量子数，其值为 $0, 1, 2, \cdots$ 整数，I 为转动惯量，其定义为

$$I = \mu r^2 = \frac{m_1 m_2}{m_1 + m_2} r^2$$

其中 m_1 和 m_2 分别为分子中两个原子的质量，r 为原子间距离，μ 称约化质量。

3.
$$\varepsilon_v = \left(v + \frac{1}{2}\right)h\nu$$

式中 ε_v 代表双原子分子的振动能，h 为 Planck 常数，ν 为振动频率，v 为振动量子数，其值为 $0, 1, 2, \cdots$ 整数。

4.
$$S = k \ln \Omega$$

此式称做 Boltzmann 公式，其中 S 为系统的熵，Ω 为微观状态数，k 是 Boltzmann 常数，它与摩尔气体常数 R 的关系为

$$k = R/L = 1.3806 \times 10^{-23} \text{ J} \cdot \text{K}^{-1}$$

此处 L 是 Avogadro 常数。

5.
$$\frac{n_i^*}{N} = \frac{g_i \exp(-\varepsilon_i/kT)}{q}$$

此式称为 Boltzmann 分布定律。式中 n_i^* 代表在最可几分布时具有能量 ε_i 的分子数，N 是系统中的分子总数，g_i 是能级 ε_i 的简并度，q 是分子配分函数，其定义为

$$q = \sum_{i=0}^{k} g_i \exp(-\varepsilon_i/kT)$$

其中 $\exp(-\varepsilon_i/kT)$ 称 Boltzmann 因子。Boltzmann 分布定律解决了最可几分布时的能级分布数，它对定域子系和离域子系均成立。

6. 定域子系的状态函数与配分函数的关系

(1) $\quad U = NkT^2 \left(\dfrac{\partial \ln q}{\partial T}\right)_{V,N}$

$\qquad = NkT^2 \left(\dfrac{\partial \ln q'}{\partial T}\right)_{V,N} + U_0$

(2) $\quad S = k \ln q^N + NkT \left(\dfrac{\partial \ln q}{\partial T}\right)_{V,N}$

$\qquad = k \ln q'^N + NkT \left(\dfrac{\partial \ln q'}{\partial T}\right)_{V,N}$

(3) $\quad A = -kT \ln q^N$

$\qquad = -kT \ln q'^N + U_0$

(4) $\quad p = NkT \left(\dfrac{\partial \ln q}{\partial V}\right)_{T,N}$

$\qquad = NkT \left(\dfrac{\partial \ln q'}{\partial V}\right)_{T,N}$

(5) $\quad H = NkT^2 \left(\dfrac{\partial \ln q}{\partial T}\right)_{V,N} + NkTV \left(\dfrac{\partial \ln q}{\partial V}\right)_{T,N}$

$\qquad = NkT^2 \left(\dfrac{\partial \ln q'}{\partial T}\right)_{V,N} + NkTV \left(\dfrac{\partial \ln q'}{\partial V}\right)_{T,N} + U_0$

(6) $\quad G = -kT \ln q^N + NkTV \left(\dfrac{\partial \ln q}{\partial V}\right)_{T,N}$

$\qquad = -kT \ln q'^N + NkTV \left(\dfrac{\partial \ln q'}{\partial V}\right)_{T,N} + U_0$

在以上各式中 q' 代表将基态能量规定为零时的配分函数，U_0 代表当系统中所有分子都处在基态（即系统处于 0 K）时系统的能量，即 $U_0 = N\varepsilon_0$。

7. 离域子系的状态函数与配分函数的关系

$$(1) \quad U = NkT^2 \left(\frac{\partial \ln q}{\partial T} \right)_{V,N}$$

$$= NkT^2 \left(\frac{\partial \ln q'}{\partial T} \right)_{V,N} + U_0$$

$$(2) \quad S = k \ln \frac{q^N}{N!} + NkT \left(\frac{\partial \ln q}{\partial T} \right)_{V,N}$$

$$= k \ln \frac{q'^N}{N!} + NkT \left(\frac{\partial \ln q'}{\partial T} \right)_{V,N}$$

$$(3) \quad A = -kT \ln \frac{q^N}{N!}$$

$$= -kT \ln \frac{q'^N}{N!} + U_0$$

$$(4) \quad p = NkT \left(\frac{\partial \ln q}{\partial V} \right)_{T,N}$$

$$= NkT \left(\frac{\partial \ln q'}{\partial V} \right)_{T,N}$$

$$(5) \quad H = NkT^2 \left(\frac{\partial \ln q}{\partial T} \right)_{V,N} + NkTV \left(\frac{\partial \ln q}{\partial V} \right)_{T,N}$$

$$= NkT^2 \left(\frac{\partial \ln q'}{\partial T} \right)_{V,N} + NkTV \left(\frac{\partial \ln q'}{\partial V} \right)_{T,N} + U_0$$

$$(6) \quad G = -kT \ln \frac{q^N}{N!} + NkTV \left(\frac{\partial \ln q}{\partial V} \right)_{T,N}$$

$$= -kT \ln \frac{q'^N}{N!} + NkTV \left(\frac{\partial \ln q'}{\partial V} \right)_{T,N} + U_0$$

这一组公式中的 q' 和 U_0 的意义与第 7 组公式相同。

8.
$$q = q_t q_r q_v q_e q_n$$

或 $$q' = q_tq_rq_v'q_e'q_n'$$

此式称为配分函数的析因子性质,其中 q_t, q_r, q_v, q_e 和 q_n 分别为平动配分函数、转动配分函数、振动配分函数、电子运动配分函数和核运动配分函数。

9. $$q_t = \frac{(2\pi mkT)^{3/2}}{h^3}V$$

此式表明,平动配分函数与体积有关。当 T 和 V 固定时,q_t 取决于分子质量 m。

10. $$q_r = \frac{T}{\sigma\theta_r} = \frac{8\pi^2 IkT}{\sigma h^2}$$

式中 q_r 为双原子分子的转动配分函数;σ 是分子的对称数,对异核双原子分子 $\sigma=1$,而同核双原子分子的 $\sigma=2$;θ_r 是分子的转动特征温度,其定义为

$$\theta_r = \frac{h^2}{8\pi^2 Ik}$$

可见 θ_r 只取决于分子本身的结构特征,一般分子的 θ_r 只有几度或十几度。

11. $$q_v = \frac{\exp(-\theta_v/2T)}{1-\exp(-\theta_v/T)}$$

$$= \frac{\exp(-h\nu/2kT)}{1-\exp(-h\nu/kT)}$$

或 $$q_v' = \frac{1}{1-\exp(-\theta_v/T)}$$

$$= \frac{1}{1-\exp(-h\nu/kT)}$$

式中 q_v 为双原子分子振动配分函数,q_v' 为将振动零点能值指定为 0 时的振动配分函数;θ_v 为分子的振动特征温度,其定义为

$$\theta_v = h\nu/k$$

所以 θ_v 只取决于分子本身,一般分子的 θ_v 值数量级为 $10^3\,\mathrm{K}$。

12.
$$q'_e = g_{e,0}$$

式中 q'_e 为电子运动配分函数(选 $\epsilon_{e,0}=0$), $g_{e,0}$ 为电子运动的基态简并度。除 O_2 及 NO 等少数分子以外,大多数分子的 $g_{e,0}=1$,即电子运动的基态是非简并的,因而它们的 $q'_e=1$。

13.
$$q'_n = g_{n,0}$$

式中 q'_n 为核运动配分函数(选 $\epsilon_{n,0}=0$), $g_{n,0}$ 为核运动的基态简并度。因为在一般物理化学过程中,不涉及原子核状态的变化,所以在计算热力学量时可略去核运动。

14.
$$S_{t,m} = R\left\{\ln\left[\frac{(2\pi mkT)^{3/2}}{Lh^3}V_m\right]+\frac{5}{2}\right\}$$

此式称为 Sacker-Tetrode 方程。其中 $S_{t,m}$ 为理想气体的摩尔平动熵, V_m 为摩尔体积, L 为 Avogadro 常数。

15.
$$S_{r,m} = R\left(\ln\frac{8\pi^2 IkT}{\sigma h^2}+1\right)$$

式中 $S_{r,m}$ 为双原子分子理想气体的摩尔转动熵, I 和 σ 分别为分子的转动惯量和对称数。

16.
$$S_{v,m} = R\left\{\frac{\theta_v/T}{\exp(\theta_v/T)-1}-\ln[1-\exp(-\theta_v/T)]\right\}$$

式中 $S_{v,m}$ 为双原子分子理想气体的摩尔振动熵, θ_v 为分子的振动特征温度。

3.3 思 考 题

3-1 Stirling 公式

$$N! \approx \left(\frac{N}{e}\right)^N$$

的适用条件是什么?

3-2 对于由少数(例如 20 个)离域子构成的系统,我们能否用公式

$$\Omega = \sum_i \prod_i \frac{g_i^{n_i}}{n_i!}$$

计算其微观状态数？若不能用此式计算，请说应如何计算 Ω。

3-3 什么是最可几分布？最可几分布的各能级分布数如何计算？

3-4 请说明配分函数的定义和物理意义。

3-5 q 和 q' 的区别是什么？它们关系如何？

3-6 在相同的条件下，定域子系的微观状态数

$$\Omega_{定} = N! \sum_i \prod_i \frac{g_i^{n_i}}{n_i!}$$

而离域子系的微观状态数为

$$\Omega_{离} = \sum_i \prod_i \frac{g_i^{n_i}}{n_i!}$$

可见 $\Omega_{定}/\Omega_{离} = N!$，根据 Boltzmann 公式，定域子系的熵应该比离域子系的大（$k\ln N!$）。但实际上，晶体的熵值总是比其蒸气的小，道理何在？

3-7 从热力学数据表可以查得，在 298K，101325Pa 条件下惰性气体 He，Ne，Ar，Kr，Xe 和 Rn 的摩尔熵分别为 126.1；144.1；154.7；164.0；169.9；176.2J·K^{-1}·mol^{-1}。试作熵值与相对原子质量（即原子量）的对数值关系图，并讨论所得结果。

3-8 线性简谐振子的能级公式为

$$\varepsilon_v = \left(v + \frac{1}{2}\right)h\nu$$

若选择振动基态为能量零点，则 $\varepsilon_v(0) = 0$。

比较上述二式可得

$$\frac{1}{2}h\nu = 0$$

所以基态振动频率 $\nu = 0$。如此推论错在哪里？

3-9 在低温条件下，能否用公式

$$q_r = \frac{T}{\sigma\theta_r}$$

计算分子转动配分函数？为什么？

3-10 在状态函数 U, S, H, A 和 G 中，哪些对定域子系和离域子系是相同的？

3-11 零点能的不同选择，对状态函数 U, S, H, A, G, C_V 和 C_p 中哪些没有影响？

3-12 由内能公式

$$U = NkT^2 \left(\frac{\partial \ln q}{\partial T}\right)_{V,N}$$

可知，只要求得分子配分函数 q，就可计算出系统的内能。这与热力学中所说"内能绝对值不可知"不是相矛盾吗？

3-13 理想气体是离域子系，其熵值

$$S_{\text{气}} = k\ln\frac{q^N}{N!} + NkT\left(\frac{\partial \ln q}{\partial T}\right)_{V,N}$$

而理想晶体是定域子系，其熵值

$$S_{\text{晶}} = k\ln q^N + NkT\left(\frac{\partial \ln q}{\partial T}\right)_{V,N}$$

比较上述二式，得 $S_{\text{气}} < S_{\text{晶}}$

这与热力学结论 $S(\text{s}) < S(\text{l}) < S(\text{g})$

是否矛盾？

3-14 在推导公式

$$U = NkT^2\left(\frac{\partial \ln q}{\partial T}\right)_{V,N}$$

时，我们假设 $q = f(T, V)$。在定义 $q = \sum g_i \exp(-\varepsilon_i/kT)$ 中，其中简并度 g_i 和能量 ε_i 均与 T 和 V 无关，这说明 q 应只与 T 有关（与 V 无关）。你是如何理解我们的上述假设的？

3-15 配分函数定义式 $q = \sum g_i \exp(-\varepsilon_i/kT)$ 中的"$\sum$"应

是对所有可能的能级加和,显然可能的能级不会是无穷多个,所以在计算 q 时将定义式写成

$$q = \sum_0^\infty g_i \exp(-\varepsilon_i/kT)$$

是不正确的。你如何看待这种说法。

3-16 在推导离域子系的一种分布的微观状态数公式

$$t = \prod_i \frac{g_i^{n_i}}{n_i!}$$

时,曾用到 $g_i \gg n_i$ 的条件(温度不很低的气体)。其中简并度 g_i 是能级 i 的本性,其数值不变,当将 N 增至很大很大时,n_i 也相应增加。也就是说,当系统中粒子数足够多时,总会使得 $g_i \gg n_i$ 不再成立,此时上述公式就不可用了。这种分析正确吗?

3-17 根据配分函数的概念,导出在重力作用下,气体随高度的分布为:

$$n(h) = n(0) \exp\left(-\frac{mgh}{kT}\right)$$

其中 m 是气体分子质量,$n(h)$ 和 $n(0)$ 分别为高度为 h 和 0 处的气体分子数,g 为重力加速度。

3-18 试根据熵的统计意义,定性地判断下列过程的 ΔS 大于零还是小于零?

(1) 水蒸气冷凝成水;

(2) $CaCO_3(s) \longrightarrow CaO(s) + CO_2(g)$;

(3) 乙烯聚合成聚乙烯;

(4) 气体在催化剂表面上吸附。

第4章 溶液热力学

4.1 重要概念和方法

1. 稀薄溶液中各种浓度间的关系

在热力学中,溶液组成多用四种表示方法,即摩尔分数(物质的量分数)x_B、质量摩尔浓度 b_B、浓度(物质的量浓度)c_B 和质量分数 w_B。各种浓度可进行相互换算,在很稀的溶液中,它们的相互关系为

$$b_B = \frac{1}{M_A}x_B, \quad c_B = \frac{\rho_A^*}{M_A}x_B, \quad w_B = \frac{M_B}{M_A}x_B$$

其中 M_A 和 M_B 分别为溶剂和溶质的摩尔质量,ρ_A^* 为纯溶剂的密度。由此可见,对于指定的溶剂和溶质,很稀的溶液中各种浓度都与 x_B 成正比。这一结论十分重要,它可帮助我们进行标准状态的换算。

2. 溶液系统的状态描述

溶液是组成可以变化的系统,它的数学描述方法与敞开系统相同。对于由 k 个组分构成的溶液,其任意容量性质 Z 一般描述为

$$Z = f(T, p, n_1, n_2, \cdots, n_k)$$

即容量性质用 $(k+2)$ 个独立变量描述。而任意强度性质 Y 则一般描述为

$$Y = f(T, p, x_1, x_2, \cdots, x_{k-1})$$

即强度性质用 $(k+1)$ 个独立变量描述。

3. 偏摩尔量

若 Z 代表均相系统的任意容量性质,则 $\left(\dfrac{\partial Z}{\partial n_B}\right)_{T,p,n_C\cdots}$ 称为偏摩尔量,用 Z_B 表示。Z_B 是系统的强度性质。它可以理解为,在处于一定温度、压力和组成的均相系统中,1mol B 对系统 Z 的贡献。除纯物质外,一般来说偏摩尔量并不等于摩尔量,即 $Z_B \neq Z_{m,B}$。但在 x_B 值较高的范围内,Z_B 随 B 含量增加越来越接近 $Z_{m,B}$,因而在很稀溶液中,溶剂的偏摩尔量可以近似地用纯溶剂相应的摩尔量来表示。对于多相系统,不能笼统地谈论偏摩尔量,因为 Z_B 是针对一个具体的相而言的。也就是说,在不同相中,同一个偏摩尔量一般并不相等。在偏摩尔量的定义中,偏导数的下标是 $T,p,n_C\cdots$。若改变下标,则不是偏摩尔量。偏摩尔量服从集合公式和 Gibbs-Duhem 公式。

4. 化学势

化学势是偏摩尔 Gibbs 函数,它的集合公式为 $G = \sum_B n_B\mu_B$,Gibbs-Duhem 公式为 $\sum_B x_B d\mu_B = 0$。在没有非体积功的条件下,一切传质过程(相变、扩散和化学反应等)均遵守化学势判据

$$\sum_\alpha \sum_B \mu_B^\alpha dn_B^\alpha \leqslant 0 \qquad \begin{pmatrix} < \text{在自发情况下} \\ = \text{在平衡情况下} \end{pmatrix}$$

式中 μ_B^α 为 α 相中物质 B 的化学势,dn_B^α 为在微传质过程中 α 相中 B 的物质量的变化。此式表明,在相变过程中,任意物质总是由化学势较高的相流入化学势较低的相。当相平衡时,各相中的化学势相等。对于化学反应,化学势判据可写作

$$\sum_B \nu_B\mu_B \leqslant 0 \qquad \begin{pmatrix} < \text{在自发情况下} \\ = \text{在平衡情况下} \end{pmatrix}$$

这表明化学反应总是自发地朝着化学势降低的方向进行。当化学平衡时,产物一侧的化学势等于反应物一侧的化学势。因此可以

得出结论：在无非体积功的条件下，物质总是毫无例外地由高化学势流向低化学势，直至各处化学势相等，即化学势是决定传质过程方向和限度的强度因素。化学势判据不仅用于判断传质过程的方向，而且是处理平衡问题的依据。

5. 气体的逸度

逸度 f 用 $f = \gamma p$ 表示。其中逸度系数 γ 反映气体在热力学上对于理想气体的偏离程度，逸度即为校正压力。对理想气体，$\gamma = 1$。由于人们总是选理想气体作为气体物质的标准状态，所以 $\gamma^\ominus = 1$，即 $f^\ominus = p^\ominus$。对于实际气体，一般 $\gamma \neq 1$，但服从

$$\lim_{p \to 0} \gamma = 1$$

即

$$\lim_{p \to 0} f = p$$

逸度系数不是气体的特性参数，它与气体的状态有关。γ 的值可以从实验测定，也可以由状态方程计算。

6. 溶液的性质

在基础物理化学课程中，所讨论的溶液性质可分为溶剂性质、溶质性质和混合性质三类。

（1）溶剂性质

严格说是指溶剂的某些性质（蒸气压、凝固点、沸点等）由于溶质的加入而发生的变化，常称作依数性。在一定条件下，理想溶液和理想稀薄溶液的这类性质能够进行计算。在实际科研工作中，人们常常通过实验测量这类性质获得系统的其他信息。

（2）溶质性质

如溶液中溶质的挥发性、溶解度等，如果溶质在溶液中发生电离还表现出导电性质。

（3）混合性质

这类性质是指在配制溶液过程中所表现出的规律（例如混合过程的热效应和体积效应等）。

7. 理想溶液

其任意组分在全部浓度范围内都严格遵守 Raoult 定律的溶液叫做理想溶液。它的微观特征可表示为

$$f_{A-A} = f_{B-B} = f_{A-B}$$

即理想溶液中任意分子对的作用力相等,其中每一个分子所受的作用力与它在纯液体中相同。由此决定了在等温等压下由多种纯液体混合配制成理想溶液时具有如下性质:

$$\Delta_{mix}V = 0, \quad \Delta_{mix}H = 0, \quad \Delta_{mix}U = 0, \quad \Delta_{mix}C_p = 0$$

$$\Delta_{mix}S = -R\sum_B n_B \ln x_B$$

$$\Delta_{mix}G = RT\sum_B n_B \ln x_B$$

这表明,在理想溶液的配制过程中没有体积效应,没有热效应,没有内能和热容的变化,但引起熵增加和 Gibbs 函数减少。可见上述性质与理想气体的混合性质相同,所以理想溶液和理想气体混合物统称为理想混合物。

在一定条件下,理想溶液具有依数性,可以由溶液的组成计算出它的蒸气压、凝固点、沸点和渗透压等。

8. 理想稀薄溶液

其溶剂和溶质分别服从 Raoult 定律和 Henry 定律的稀溶液称为理想稀薄溶液。一般来说,理想稀薄溶液浓度值很小,具有依数性,其依数性公式为:①蒸气压降低 $\Delta p = p_A^* x_B$;②凝固点降低 $\Delta T_f = K_f b_B$;③沸点升高 $\Delta T_b = K_b b_B$;④渗透压 $\Pi = c_B RT$。其中下标 B 代表除溶剂外在溶液中存在的其他所有粒子。上述依数性(尤其是凝固点降低和渗透压)常被用于测定物质的相对分子质量和样品的纯度。在生产中,大部分溶液反应的溶剂量很大,为了处理问题方便,人们常近似地把这些溶液当作理想稀薄溶液对待。

9. 二元溶液中溶剂和溶质性质的相关性

在 A 和 B 构成的溶液中，A 和 B 的许多规律之间都有一定的联系。

（1）当溶液组成变化时，若 μ_B 值增大，则 μ_A 值必同时减小。反之亦然。

（2）当溶液组成变化时，若 p_B 值增大，则 p_A 值必同时减小。反之亦然。

（3）若溶剂在某一浓度范围内服从 Raoult 定律，则溶质必在相同浓度范围内服从 Henry 定律。

（4）若一个组分在全部浓度范围内服从 Raoult 定律，则另一个组分也在全部浓度范围内服从 Raoult 定律。

10. 关于化学势、标准状态和活度

（1）在任意一个化学势表示式中，都有一个人为选择的标准状态。对溶液中各组分的标准状态的选择，人们习惯上采取四种方法，即规定 Ⅰ、规定 Ⅱ、规定 Ⅲ 和规定 Ⅳ。

规定 Ⅰ：选 $T, p^\ominus$ 下的纯液体为标准状态。利用此规定时，总是以 Raoult 定律为基础处理溶液问题。

规定 Ⅱ：选 $T, p^\ominus$ 下组成为 $x_B = 1$ 但却服从 Henry 定律的假想液体为标准状态。即该状态的蒸气压 p_B 等于 Henry 常数 k_x。这种标准状态的组成虽然为 100% 的 B，但它的许多性质（如 $V_{m,B}$ 和 $U_{m,B}$ 等）却与无限稀薄溶液（$x_B \to 0$）中的 B 相同。在这种假想液体中，每个 B 分子所受到其周围分子的作用恰与无限稀薄溶液中 B 分子的受力情况相同。利用此规定时，总是以 Henry 定律 $p_B = k_x x_B$ 为基础处理溶液问题。

规定 Ⅲ：选 $T, p^\ominus$ 下质量摩尔浓度为 $1 \text{mol} \cdot \text{kg}^{-1}$ 且服从 Henry 定律的假想溶液为标准状态。即其蒸气压 p_B 等于 Henry 常数 k_b。这种状态的浓度虽高达 $1 \text{mol} \cdot \text{kg}^{-1}$，但它的许多性质（如 V_B 和 U_B 等）却与无限稀薄溶液中的 B 相同。利用此规定时，

总是以 Henry 定律 $p_B = k_b b_B / b^\ominus$ 为基础处理溶液问题。

规定 IV：选 $T, p^\ominus$ 下物质的量浓度为 $1000\,\text{mol} \cdot \text{m}^{-3}$ 且服从 Henry 定律的假想溶液为标准状态。即其蒸气压 p_B 等于 Henry 常数 k_c。这种状态的浓度虽高达 $1000\,\text{mol} \cdot \text{m}^{-3}$，但它的许多性质（如 V_B、U_B 等）却与无限稀薄溶液中的 B 相同。利用此规定时，总是以 Henry 定律 $p_B = k_c c_B / c^\ominus$ 为基础处理溶液问题。

以上四种规定只不过是人为的四种处理溶液的不同方法。通常人们多用规定 I 处理溶剂，用规定 II、III 或 IV 处理溶质。既然是人为处理方法，就不能强求化一。人们可以按照四种规定中的任意一种来处理溶液中的任意组分。

(2) 对于一个确定状态 $(T, p, x_B, x_C, \cdots)$ 的溶液，其中任一物质 B 的化学势 μ_B 及蒸气压 p_B 是唯一确定的。因为 μ_B 和 p_B 是系统的状态函数，只取决于状态。而 a_B 和 γ_B 与所选取的标准状态有关。对于同一个溶液，若选取不同的标准状态，则 μ_B 值相同而 a_B 值不同。因此只有在指明标准状态后，a_B 和 γ_B 才有确定数值。在计算活度和活度系数时，应该明确标准状态是什么。在许多计算活度和活度系数的题目中，虽然没有明确指明标准状态，但通常可由浓度的标度进行判断。如果浓度标度是 x_B，则按规定 I 或 II 选取标准状态；若浓度标度是 b_B，则按规定 III 选取标准状态；若浓度标度是 c_B，则按规定 IV 选取标准状态。对于非电解质溶液，最常用的处理方法是溶剂按规定 I 而溶质按规定 II。

(3) 活度 a_B 和活度系数 γ_B 都是无量纲的量。当标准状态确定之后，它们取决于溶液的温度、压力和各物质的浓度，即 $\gamma_B = f(T, p, \text{浓度})$。

(4) 从上面对于溶液化学势的讨论，不难发现，对于溶液中的任一物质 B，在几种特定情况下其活度和活度系数有如下规律：

① 在标准状态时，$\gamma_B^\ominus = 1$，$a_B^\ominus = 1$；

② 在理想溶液中， $\gamma_B=1, a_B=x_B$ ；

③ 在理想稀薄溶液中， $\gamma_B=1, a_B=x_B$ 或 $a_B=b_B/b^{\ominus}$ 或 $a_B=c_B/c^{\ominus}$ 。

11. 非理想溶液的处理方法

人们通常把除理想溶液和理想稀薄溶液以外的其他溶液统称为非理想溶液。在处理这类溶液时经常将它们与上述两种溶液进行对比，以研究它们较前者产生偏差的情况和原因。这种偏差的大小即反映出溶液的不理想性。

在处理非理想溶液时，描述溶液的不理想性有多种方法。但在工程上多用活度（活度系数），而在基础研究中多用超额函数。这两种方法都依赖于实验数据，由此可见，做好实验测量是研究非理想溶液性质的最基本的方法。

4.2 主 要 公 式

1.
$$b_B=\frac{n_B}{m_A}$$

式中 b_B 为溶质 B 的质量摩尔浓度，n_B 为溶液中溶质 B 的物质的量，m_A 为溶剂的质量。可见 b_B 代表单位质量的溶剂中所溶解的溶质的物质的量。

2.
$$c_B=\frac{n_B}{V}$$

其中 c_B 为溶质 B 的浓度（或溶质 B 的物质的量浓度），n_B 为溶质的物质的量，V 是溶液的体积。所以，c_B 代表单位体积溶液中所含的溶质的物质的量。与其他常用浓度不同，c_B 的值略受温度的影响。

3.
$$Z_B=\left(\frac{\partial Z}{\partial n_B}\right)_{T,p,n_C\cdots}$$

此式是偏摩尔量的定义式,其中 Z_B 是偏摩尔量,Z 是系统的任意容量性质,n_B 是系统中任意物质 B 的物质的量。该式只适用于均相系统。由定义可以看出,Z_B 可以理解为,在处于一定温度、压力和浓度的溶液中,1mol 物质 B 对于溶液 Z 的贡献。常用的偏摩尔量有 V_B,U_B,H_B,S_B,A_B 和 G_B 等。

4.
$$\sum_B n_B Z_B = Z$$

此式称为偏摩尔量的集合公式,它适用于均相系统的平衡状态。式中 $n_B Z_B$ 代表系统中物质 B 对系统 Z 的贡献,可见溶液的 Z 等于其中各物质对 Z 贡献的集合。对于由溶剂 A 和溶质 B 构成的二元溶液,集合公式写作

$$n_A Z_A + n_B Z_B = Z$$

5.
$$\sum_B n_B dZ_B = 0 \quad \text{或} \quad \sum_B x_B dZ_B = 0$$

此式称为 Gibbs-Duhem 公式。它是在等温等压条件下溶液组成变化时应服从的关系。对于二元溶液,公式写作

$$n_A dZ_A + n_B dZ_B = 0$$

或
$$x_A dZ_A + x_B dZ_B = 0$$

此式表明,溶液中 Z_A 和 Z_B 两个偏摩尔量具有相关性,只要知道了一个,就可以求出另一个。Gibbs-Duhem 公式较多用于理论推导,是研究二元溶液中溶剂和溶质相互关系的依据。

6.
$$\mu_B = \left(\frac{\partial G}{\partial n_B}\right)_{T,p,n_C\cdots}$$

$$\mu_B = \left(\frac{\partial U}{\partial n_B}\right)_{S,V,n_C\cdots}$$

$$\mu_B = \left(\frac{\partial H}{\partial n_B}\right)_{S,p,n_C\cdots}$$

$$\mu_B = \left(\frac{\partial A}{\partial n_B}\right)_{T,V,n_C\cdots}$$

其中 μ_B 称为物质 B 的化学势。以上四式均是化学势的定义式,其中第一式是偏摩尔量,即化学势是偏摩尔 Gibbs 函数。

7.
$$dU = TdS - pdV + \sum_B \mu_B dn_B$$

$$dH = TdS + Vdp + \sum_B \mu_B dn_B$$

$$dA = -SdT - pdV + \sum_B \mu_B dn_B$$

$$dG = -SdT + Vdp + \sum_B \mu_B dn_B$$

这一组公式称为敞开系统的基本关系式,它们适用于敞开系统和组成变化的封闭系统中的没有非体积功的任意过程。以上关系式用于计算状态函数变或分析思考问题。

8.
$$\left(\frac{\partial \mu_B}{\partial T}\right)_{p,x_C\cdots} = -S_B$$

$$\left(\frac{\partial \mu_B}{\partial p}\right)_{T,x_C\cdots} = V_B$$

式中下标"$x_C\cdots$"表示除 B 以外的其他所有组分的摩尔分数固定,即溶液定浓。可见上述两式分别描述在一个指定溶液中,温度和压力对于化学势的影响。所以,对一个指定的溶液,其化学势的微分为
$$d\mu_B = -S_B dT + V_B dp$$

9.
$$\mu_B^* = \mu_B^\ominus + RT\ln\frac{p}{p^\ominus}$$

此式是纯理想气体化学势的表示式。其中 μ_B^* 是状态为 (T,p) 的纯理想气体 B 的化学势,$\mu_B^\ominus$ 为标准状态的化学势,标准状态系指状态为 $(T,p^\ominus)$ 的纯理想气体 B。$p^\ominus$ 为标准压力。

10.
$$\mu_B = \mu_B^\ominus + RT\ln\frac{p_B}{p^\ominus}$$

此式是理想气体混合物的化学势表示式。其中 μ_B 为混合物中任

意组分 B 的化学势,T 为混合物的温度,p_B 为 B 的分压。式中 $\mu_B^\ominus$ 所对应的标准状态为 $(T, p^\ominus)$ 下的纯理想气体 B。

11.
$$\mu_B^* = \mu_B^\ominus + RT \ln \frac{f}{p^\ominus}$$

式中 μ_B^* 为状态为 (T, p) 的纯实际气体 B 的化学势,f 是该气体的逸度。表示式中 $\mu_B^\ominus$ 所对应的状态是 $(T, p^\ominus)$ 下的纯理想气体 B,所以此处指定的标准状态是一种假想状态。

12.
$$\mu_B = \mu_B^\ominus + RT \ln \frac{f_B}{p^\ominus}$$

式中 μ_B 是实际气体混合物中组分 B 的化学势,T 为混合物的温度,f_B 代表混合物中 B 的逸度。式中标准状态为 $(T, p^\ominus)$ 下的纯理想气体 B。

13.
$$\gamma = \exp \int_0^p \left(\frac{V_m}{RT} - \frac{1}{p} \right) \mathrm{d}p$$

和
$$f = p \exp \int_0^p \left(\frac{V_m}{RT} - \frac{1}{p} \right) \mathrm{d}p$$

此二式分别为纯气体的逸度系数和逸度的定义式,式中积分下限 0 实际代表 $p \to 0$。此二式可直接用来计算气体的逸度。

14.
$$RT \int_{f_1}^f \mathrm{d} \ln \frac{f}{p^\ominus} = \int_{p_1}^p V_m \mathrm{d}p$$

此式多用于求任意状态 (T, p) 下气体的逸度 f,其中 f_1 是某个已知状态 (T, p_1) 时的逸度。若取 $p_1 \to 0$,则 $f_1 = p_1$。

15.
$$f_B = f_B^* x_B$$

此式称为 Lewis-Randall 规则。其中 f_B 代表气体混合物中 B 的逸度,f_B^* 是与混合气体同温同压的纯 B 气体的逸度,x_B 是混合气体中 B 的摩尔分数。这是个近似规则,只有当混合气体中各种分子的大小和分子间力都很相近时才是正确的。

16.
$$p_A = p_A^* x_A$$

此式称做 Raoult 定律。它适用于稀薄溶液中的溶剂。其中 p_A 是稀薄溶液中溶剂的蒸气压，p_A^* 是与溶液同温（同压）的纯溶剂的蒸气压，x_A 是溶液中溶剂的摩尔分数。该定律是经验定律，对任何溶液，当 $x_A \rightarrow 1$ 时都是严格正确的。

17.
$$p_B = k_x x_B$$

或
$$p_B = k_b b_B / b^\ominus$$

或
$$p_B = k_c c_B / c^\ominus$$

此三式均是 Henry 定律的数学表示式，它适用于稀薄溶液中的挥发性溶质。式中 p_B 为稀薄溶液中溶质 B 的蒸气压，x_B，b_B 和 c_B 分别为溶液中 B 的摩尔分数、质量摩尔浓度和浓度，$b^\ominus$ 和 $c^\ominus$ 均为标准浓度，$b^\ominus = 1 \text{mol} \cdot \text{kg}^{-1}$，$c^\ominus = 1000 \text{mol} \cdot \text{m}^{-3}$。$k_x$，$k_b$ 和 k_c 称为 Henry 常数，它们与 T，p 及溶剂和溶质的本性有关，三种 Henry 常数相互关联，可以相互换算。Henry 定律是个极限定律，当 $x_B \rightarrow 0$ 才是严格正确的。注意：在使用上式时，溶质 B 在气相和溶液中的分子形态必须相同。

18.
$$\mu_B = \mu_B^\ominus + RT\ln x_B + \int_{p^\ominus}^{p} V_{m,B} \mathrm{d}p$$
$$= \mu_B^* + RT\ln x_B$$

式中 B 代表理想溶液中的任何组分和理想稀薄溶液中的溶剂。式中 μ_B 代表状态为 $(T, p, x_B \cdots)$ 的溶液中 B 的化学势，$V_{m,B}$ 为纯液态 B 的摩尔体积，$\mu_B^\ominus$ 为标准状态的化学势，此处标准状态为 $(T, p^\ominus)$ 下的纯液态 B，而 μ_B^* 为 (T, p) 下纯液态 B 的化学势。当溶液压力 p 不十分高时，$\int_{p^\ominus}^{p} V_{m,B} \mathrm{d}p$ 值很小，甚至可以忽略。

19.
$$\mu_B = \mu_B^\ominus + RT\ln x_B + \int_{p^\ominus}^{p} V_B^\infty \mathrm{d}p$$

此式适用于理想稀薄溶液中的溶质。其中 μ_B 代表状态为 $(T, p, x_B \cdots)$ 的溶液中溶质 B 的化学势，V_B^∞ 为 $x_B \rightarrow 0$ 的溶液中 B 的偏摩尔体积，$\mu_B^\ominus$ 所对应的状态为 T，$p^\ominus$，$x_B = 1$ 且严格遵守 $p_B = k_x x_B$ 的假想液体。上式还可写作

$$\mu_B = \mu_B^{\ominus} + RT\ln\frac{b_B}{b^{\ominus}} + \int_{p^{\ominus}}^{p} V_B^{\infty}\,\mathrm{d}p$$

或
$$\mu_B = \mu_B^{\ominus} + RT\ln\frac{c_B}{c^{\ominus}} + \int_{p^{\ominus}}^{p} V_B^{\infty}\,\mathrm{d}p$$

此二式中标准状态分别为 $T, p^{\ominus}, b_B = 1\,\mathrm{mol} \cdot \mathrm{kg}^{-1}$ 且严格遵守 $p_B = k_b b_B/b^{\ominus}$ 的假想溶液和 $T, p^{\ominus}, c_B = 1000\,\mathrm{mol} \cdot \mathrm{m}^{-3}$ 且严格遵守 $p_B = k_c c_B/c^{\ominus}$ 的假想溶液。

20.
$$\Delta_{\mathrm{mix}}S = -R\sum_B n_B\ln x_B$$

此式适用于等温等压下由多种纯液体配制理想溶液的过程。式中 $\Delta_{\mathrm{mix}}S$ 是混合熵，n_B 是所用 B 液体的物质的量，x_B 是溶液中 B 的摩尔分数。

21.
$$\Delta_{\mathrm{mix}}G = RT\sum_B n_B\ln x_B$$

此式适用于等温等压下由多种纯液体配制理想溶液的过程。式中 $\Delta_{\mathrm{mix}}G$ 为混合 Gibbs 函数，n_B 是所用 B 液体的物质的量，x_B 是溶液中 B 的摩尔分数。

22.
$$\Delta p = p_A^* x_B$$

式中 Δp 称为蒸气压降低，即 $\Delta p = p_A^* - p_A$，其中 p_A^* 为与溶液同温的纯溶剂的蒸气压，p_A 为溶液的蒸气压，x_B 为溶质的摩尔分数。此式适用于理想稀薄溶液或任意浓度的理想溶液，但溶质必须是非挥发性的。此式是溶液的依数性之一，所以式中 B 代表除溶剂外存在于溶液中的其他所有粒子。

23.
$$\ln x_A = \frac{\Delta_s^l H_{m,A}}{R}\left(\frac{1}{T_f^*} - \frac{1}{T_f}\right)$$

此式称做溶液的凝固点降低公式。它适用于理想稀薄溶液或任意浓度的理想溶液(要求凝固点时析出的固相是纯溶剂固体)。式中 $\Delta_s^l H_{m,A}$ 是纯溶剂的摩尔熔化焓，T_f^* 和 T_f 分别为纯溶剂和溶液的凝固点。当溶液很稀时，上式可近似为

$$\Delta T_f = K_f b_B$$

其中 $\Delta T_f = T_f^* - T_f$ ，称凝固点降低。$K_f = RT_f^{*2}M_A/\Delta_s^l H_{m,A}$ 称为凝固点降低常数，所以 K_f 只取决于溶剂的本性。

24.
$$\ln x_A = \frac{\Delta_l^g H_{m,A}}{R}\left(\frac{1}{T_b} - \frac{1}{T_b^*}\right)$$

此式称做溶液的沸点升高公式，其中 T_b 和 T_b^* 分别是溶液和纯溶剂的沸点，$\Delta_l^g H_{m,A}$ 为纯溶剂的摩尔气化焓。此式适用于理想稀薄溶液或任意浓度的理想溶液，但溶质必须是非挥发性的。当溶液很稀时，上式可近似为

$$\Delta T_b = K_b b_B$$

其中 $\Delta T_b = T_b - T_b^*$ ，称沸点升高。$K_b = RT_b^{*2}M_A/\Delta_l^g H_{m,A}$ ，所以 K_b 只取决于溶剂的本性。

25.
$$V_{m,A}\Pi = -RT\ln x_A$$

此式叫做溶液的渗透压公式。式中 Π 是溶液的渗透压，$V_{m,A}$ 是纯溶剂的摩尔体积。公式适用于理想稀薄溶液或任意浓度的理想溶液。当溶液很稀时，渗透压公式可近似为

$$\Pi = c_B RT$$

其中 c_B 是物质的量浓度。

26.
$$\mu_A(\text{sln}) = \mu_A^\ominus + RT\ln a_A + \int_{p^\ominus}^p V_{m,A}\,\mathrm{d}p$$

$$\mu_B(\text{sln}) = \mu_B^\ominus + RT\ln a_B + \int_{p^\ominus}^p V_B^\infty\,\mathrm{d}p$$

式中 A 和 B 分别代表非理想溶液的溶剂和溶质。a_A 和 a_B 分别是 A 和 B 的活度：$a_A = \gamma_A x_A$，$a_B = \gamma_B x_B$，并服从 $\lim\limits_{x_A \to 1}\gamma_A = 1$，$\lim\limits_{x_B \to 0}\gamma_B = 1$。$V_{m,A}$ 为纯溶剂的摩尔体积，V_B^∞ 为无限稀薄溶液中 B 的偏摩尔体积。式中 A 的标准状态为：$T, p^\ominus$ 下的纯液态溶剂 A，B 的标准状态为：$T, p^\ominus, x_B = 1$ 且严格遵守 $p_B = k_x x_B$ 的假想液体。应该指出，非理想溶液中溶质 B 的标准状态也经常选用其他状态。

27.
$$\Delta_{mix}G = RT\sum_B n_B \ln a_B$$

式中 $\Delta_{mix}G$ 是非理想溶液的混合 Gibbs 函数,它适用于等温等压下由多种纯液体配制非理想溶液的过程。式中物质 B 的标准状态取状态为 $(T, p^{\ominus})$ 下的纯液态 B。

28.
$$\ln a_A = \frac{\Delta_s^l H_{m,A}}{R}\left(\frac{1}{T_f^*} - \frac{1}{T_f}\right)$$

此式是非理想溶液的凝固点降低公式,其中溶剂 A 的标准状态为 $(T, p^{\ominus})$ 下的纯液态溶剂 A。此式常用于求溶剂的活度。

29.
$$\ln a_A = \frac{\Delta_l^g H_{m,A}}{R}\left(\frac{1}{T_b} - \frac{1}{T_b^*}\right)$$

此式是非理想溶液的沸点升高公式,其中溶剂 A 的标准状态为 $(T, p^{\ominus})$ 状态下的纯液态溶剂 A。此式常用于求溶剂的活度。

30.
$$V_{m,A}\Pi = -RT\ln a_A$$

此式是非理想溶液的渗透压公式,其中溶剂 A 的标准状态取 $(T, p^{\ominus})$ 状态下的纯液态溶剂 A。此式常用于求溶剂的活度。

31.
$$x_A \mathrm{d}\ln a_A + x_B \mathrm{d}\ln a_B = 0$$

此式描述二元溶液中溶剂活度 a_A 与溶质活度 a_B 的关系,是由溶剂活度求溶质活度的基本方程,它对 A 和 B 的标准状态如何选取没有限制,因而是一个普遍化方程。

32.
$$x_A \mathrm{d}\ln\gamma_A + x_B \mathrm{d}\ln\gamma_B = 0$$

此方程描述二元溶液中溶剂 A 和溶质 B 的活度系数的关系,其中 A 的标准状态为 $(T, p^{\ominus})$ 下的纯液态 A,而 B 的标准状态为 T, $p^{\ominus}$, $x_B = 1$ 且严格遵守 $p_B = k_x x_B$ 的假想液体。

33.
$$H_m^E = \Delta_{mix}H_m - \Delta_{mix}H_m^{id}$$
$$V_m^E = \Delta_{mix}V_m - \Delta_{mix}V_m^{id}$$
$$G_m^E = \Delta_{mix}G_m - \Delta_{mix}G_m^{id}$$
$$S_m^E = \Delta_{mix}S_m - \Delta_{mix}S_m^{id}$$

以上四式是超额热力学函数的定义式。下标 m 代表"1mol 溶液"。公式右端第一项是非理想溶液的摩尔混合性质,第二项是理想溶液的摩尔混合性质。超额热力学函数常被用于度量一个非理想溶液对于理想溶液的偏差。

34.
$$\frac{c_B(\alpha)}{c_B(\beta)} = K$$

此式称分配定律。$c_B(\alpha)$ 和 $c_B(\beta)$ 分别为溶质 B 在两种互不相溶的溶剂 α 和 β 中达到分配平衡时的浓度。K 叫做分配系数,它与 T,p 以及溶质和两种溶剂的性质有关。使用此式时需注意:(1)该定律只有在浓度不大时才可使用,当浓度较高时要用活度代替公式中的浓度;(2)要求 B 在 α 和 β 两相中的分子形态相同。分配定律经常用于萃取分离,是萃取分离的理论基础。

4.3 思 考 题

4-1 指出下列各量中哪些是偏摩尔量,哪些是化学势:

$$\left(\frac{\partial A}{\partial n_B}\right)_{T,p,n_C\cdots}; \qquad \left(\frac{\partial G}{\partial n_B}\right)_{T,V,n_C\cdots};$$

$$\left(\frac{\partial H}{\partial n_B}\right)_{T,S,n_C\cdots}; \qquad \left(\frac{\partial U}{\partial n_B}\right)_{S,V,n_C\cdots};$$

$$\left(\frac{\partial \mu_B}{\partial n_B}\right)_{T,p,n_C\cdots}; \qquad \left(\frac{\partial C_p}{\partial n_B}\right)_{T,p,n_C\cdots};$$

$$\left(\frac{\partial V}{\partial n_1}\right)_{T,p,n_2}$$

其中 V 是气、液两相平衡系统(例如水和乙醇)的总体积。

4-2 化学势 μ_B 和 $\mu_B^\ominus$ 有什么不同?

4-3 下列说法是否正确?

(1) 液体的标准状态就是实际液体 $a=1$ 的状态;

(2) 气体的标准状态就是标准压力下的实际气体;

（3）溶液中某一组分采用不同规定的标准状态时，其活度的值不同，化学势也不同；

（4）在多相系统中，物质总是从化学势高的相流入化学势低的相；

（5）理想气体和理想溶液都是忽略了分子间作用力的模型。自然界中没有真正的理想气体，也没有真正的理想溶液。

4-4 试分别从微观和宏观角度比较 Raoult 定律和 Henry 定律的异同点。

4-5 某一非理想溶液的组分 A 对 Raoult 定律有负偏差，如果以 $p^{\ominus}$ 的纯 A 为标准状态，那么 A 的活度系数 γ_A 大于 1 还是小于 1；如果以 $x_A = 1$ 同时服从 Henry 定律的假想态为标准状态，γ_A 大于 1 还是小于 1？

4-6 稀溶液的依数性中，哪些只适用于非挥发性溶质？哪些对挥发性溶质也适用？

4-7 在有机分析中经常用来鉴定有机化合物的一种方法叫混合熔点法。现在有一试样，经分析后认为很可能是草酸。测定试样的熔点为 189℃，查得草酸的熔点也是 189℃，此时能否确定此样品就是草酸？现在把等量的试样与草酸混合后测熔点，如果仍是 189℃，就可以确定试样是草酸了，为什么？

4-8 海水淡化的方法之一是所谓"反渗透法"，请你说明此方法的原理。

4-9 在一个处于恒温环境中的密闭容器内，放有两杯液体，A 杯为纯水，B 杯为糖水。放置一段时间后，会发生什么变化？

4-10 有人说，单组分系统的所有热力学公式中的容量性质换成相应的偏摩尔量之后，就能适用于多组分系统，对吗？

（1）$A_B = U_B - TS_B$；

（2）$\left(\dfrac{\partial H_B}{\partial T}\right)_{p,n} = C_{p,B}$；

(3) $-\left(\dfrac{\partial S_B}{\partial p}\right)_{T,n}=\left(\dfrac{\partial V_B}{\partial T}\right)_{p,n}$;

(4) $dG_B=-S_B dT+V_B dp$;

(5) $\left(\dfrac{\partial U_B}{\partial T}\right)_{V,n}=C_{V,B}$。

4-11 含蔗糖 $x_B=0.10$ 的溶液与空气平衡共存(即在空气中存放时,该溶液的数量及组成不发生变化),若该溶液为理想稀薄溶液,问空气的湿度为多少?

4-12 化学势有多种形式,集合公式能适用于所有的化学势吗?

4-13 已知 A(l)与 B(l)形成理想溶液,A 在 B 中的溶解度为 $x_A=0.1$,而 B 在 A 中的溶解度为 $x_B=0.05$,所以若将等物质的量的 A 与 B 相混合,必得到两层共轭溶液。用热力学原理说明,上面这段话为什么是错误的。

4-14 有人说:如果两种液体能够形成理想溶液,则这两种液体一定能以任意比例互相溶混。这种说法对吗? 为什么? 反之,如果两种液体能以任意比例溶混,它们形成的溶液一定是理想溶液吗?

4-15 若 α,β 两相中各含 A 和 B 两种物质,在相平衡时,下列哪些关系式成立?

(1) $\mu_A(\alpha)=\mu_A(\beta)$;　　　　(2) $\mu_A(\alpha)=\mu_B(\beta)$;

(3) $\mu_A(\alpha)=\mu_B(\alpha)$;　　　　(4) $\mu_B(\alpha)=\mu_B(\beta)$。

4-16 集合公式

$$G=\sum_B n_B\mu_B$$

的成立,是否需要等温等压条件?

4-17 20℃,101325Pa 时,乙醇(1)和水(2)形成溶液,其摩尔体积可用下式表示:

$V_m/(\text{cm}^3\cdot\text{mol}^{-1})$

$=58.36-32.64x_2-42.98x_2^2+58.77x_2^3-23.45x_2^4$

其中 x_2 是水的摩尔分数,则

$$V_2 = \left(\frac{\partial V_\mathrm{m}}{\partial x_2}\right) = -32.64 - 85.96x_2 + 176.31x_2^2 - 93.80x_2^3$$

以上结果是否正确? 为什么?

4-18 试比较下列六种状态的水的化学势:

(1) $H_2O(l,100℃,101325Pa)$;

(2) $H_2O(g,100℃,101325Pa)$;

(3) $H_2O(l,100℃,202650Pa)$;

(4) $H_2O(g,100℃,202650Pa)$;

(5) $H_2O(l,101℃,101325Pa)$;

(6) $H_2O(g,101℃,101325Pa)$。

将上述六种化学势按照大小顺序排列。

4-19 298K,101325Pa 下,有两瓶萘的苯溶液。第一瓶为 2 升,溶有 0.5mol 萘;第二瓶为 1 升,溶有 0.25mol 萘。若以 μ_1,μ_2 分别表示两瓶中萘的化学势,则

(1) $\mu_1 = 10\mu_2$;　　　　　　(2) $\mu_1 = 2\mu_2$;

(3) $\mu_1 = \frac{1}{2}\mu_2$;　　　　　　(4) $\mu_1 = \mu_2$。

试从上述答案中选择出正确的一种。

4-20 对非电解质溶液,其溶质活度 a_B 是否可由公式 $\Delta T_f = K_f a_B$ 计算? 为什么?

4-21 试判断下列过程的 ΔH 大于 0、小于 0、还是等于 0?

(1) 往大量的无限稀薄的 H_2SO_4 水溶液中加入 1mol $H_2O(l)$。

(2) 往大量的无限稀薄的 H_2SO_4 水溶液中加入 1mol $H_2SO_4(l)$。

4-22 对二组分均相系统

$$x_1\left(\frac{\partial V_1}{\partial x_1}\right)_{T,p,x_2} + x_2\left(\frac{\partial V_2}{\partial x_1}\right)_{T,p,x_2} = 0$$

这个公式对不对？为什么？

4-23　在下列各题中,每一题都给出了多种答案,你认为哪些答案是正确的?

(1) 两种液体形成理想溶液,则

① 溶剂与溶质分子间只有很小的作用力;

② 两种液体可以任意比例互溶;

③ 溶液的蒸气压介于同温下两种纯液体蒸气压之间。

(2) A,B 两种液体完全不互溶。当 A,B 共存于同一容器中时,A 的蒸气压

① 与系统中 A 的摩尔分数成正比;

② 与系统中 A 的摩尔分数无关;

③ 服从克-克方程。

(3) 质量分数为 7.5% 的 KCl 水溶液的渗透压接近于

① 5.5% 的蔗糖溶液;

② 5.8% 的葡萄糖溶液;

③ 2.0mol·dm^{-3} 的蔗糖溶液;

④ 1.0mol·dm^{-3} 的葡萄糖溶液;

⑤ 4.0mol·dm^{-3} 的葡萄糖溶液。

(4) 高压气体的化学势表示式为

$$\mu = \mu^{\ominus} + RT \ln \frac{f}{p^{\ominus}}$$

其中标准状态为

① 逸度 $f = p^{\ominus}$ 的实际气体;

② 压力 $p = p^{\ominus}$ 的实际气体;

③ 压力 $p = p^{\ominus}$ 的理想气体;

④ 逸度 $f = p^{\ominus}$ 的理想气体。

(5) 令 a_1 代表溶液中组分 1 的活度,等式

$$\mu_1(s, T, p) = \mu_1(l, T, p^{\ominus}) + RT \ln a_1 + \int_{p^{\ominus}}^{p} V_{m,1} dp$$

表明的意义是

　　① 在 T,p 下,组分 1 的纯固体与纯液体成平衡;

　　② 在 T 及 101325Pa 下,组分 1 的纯固体与其溶液成平衡;

　　③ 在 T,p 下,组分 1 的纯固体与其溶液成平衡。

4-24　以下五种说法中,哪些正确,哪些错误?

　　在 300K,101325Pa 下,有一组成为 $x_A=0.3$ 的溶液。若以纯液态 A 作标准状态,则该溶液中组分 A 的活度 $a_A=1$。

　　(1) 组分 A 必处于标准状态;

　　(2) 溶液中组分 A 的化学势等于标准状态的化学势;

　　(3) 溶液上方组分 A 的蒸气分压等于该温度压力下纯 A 液体的饱和蒸气压(假定蒸气为理想气体);

　　(4) 该溶液不可能是理想溶液;

　　(5) 此溶液中组分 A 的活度系数 $\gamma_A=1$。

4-25　对理想稀薄溶液中溶剂 A 的化学势有如下推导:

$$\mu_A(sln) = \mu_A(g) = \mu_A^{\ominus}(g) + RT\ln\frac{p_A}{p^{\ominus}}$$

$$= \mu_A^{\ominus}(g) + RT\ln\frac{p_A^*}{p^{\ominus}} + RT\ln x_A$$

$$= \mu_A^*(1,T,p) + RT\ln x_A$$

显然,其中

$$\mu_A^{\ominus}(g) + RT\ln\frac{p_A^*}{p^{\ominus}} = \mu_A^*(1,T,p)$$

　　(1) 说明此式左右两端的物理意义各是什么?

　　(2) 上式左端是 T 和 p_A^* 的函数,而右端是 T 和 p 的函数。你如何解释这一情况?

　　4-26　假如将 1mol NaCl(s) 溶于 200dm^3 水中形成稀薄溶液。在一定温度下,该溶液的蒸气压 $p(H_2O)$ 应大于、小于、还是等于 $p^*[1-x(NaCl)]$?

4-27 Raoult 定律与分压的定义具有相同的形式 $p_i = px_i$，所以二者是一回事，即 Raoult 定律就是分压定义。这种说法是否正确？

4-28 由化学势判断传质过程的方向时，为什么只要求 $W' = 0$ 这个唯一条件？

4-29 习惯上，溶质的标准状态总是选假想态（规定Ⅱ、规定Ⅲ和规定Ⅳ），即组成为 $x_B = 1(b_B = 1\text{mol} \cdot \text{kg}^{-1}$ 或 $c_B = 1000\text{mol} \cdot \text{m}^{-3})$ 且仍服从 Henry 定律。所以标准状态的性质是无限稀薄溶液中 B 的性质，即 $V_B^{\ominus} = V_B^{\infty}, U_B^{\ominus} = U_B^{\infty}, S_B^{\ominus} = S_B^{\infty}, G_B^{\ominus} = G_B^{\infty}, \cdots\cdots$ 这些结论是否正确？

4-30 当按不同规定选取标准状态时，同一溶液中溶质 B 的活度值不同。若按规定Ⅱ选取标准状态时 B 的活度为 a_x，按规定Ⅲ选取标准状态时为 a_b；下面分别用三种方法导出 a_x 与 a_b 的关系：

方法①

按规定Ⅱ，则

$$\mu_B(\text{sln}) = \mu_{\text{II}}^{\ominus} + RT\ln a_x + \int_{p^{\ominus}}^{p} V_B^{\infty} \mathrm{d}p \tag{A}$$

按规定Ⅲ，则

$$\mu_B(\text{sln}) = \mu_{\text{III}}^{\ominus} + RT\ln a_b + \int_{p^{\ominus}}^{p} V_B^{\infty} \mathrm{d}p \tag{B}$$

因为 $\mu_B(\text{sln})$ 与标准状态的选择无关，所以式(A)＝式(B)，即

$$\mu_{\text{II}}^{\ominus} + RT\ln a_x = \mu_{\text{III}}^{\ominus} + RT\ln a_b$$

$$RT\ln\frac{a_x}{a_b} = \mu_{\text{III}}^{\ominus} - \mu_{\text{II}}^{\ominus} \tag{C}$$

因为 $\mu_{\text{III}}^{\ominus}$ 所对应的状态为 $b_B = 1\text{mol} \cdot \text{kg}^{-1}$ 且服从 Henry 定律的假想态，因此它的蒸气压为 Henry 常数 k_b；同样，$\mu_{\text{II}}^{\ominus}$ 所对应状态的蒸气压为 Henry 常数 k_x。因此式(C)可写作

$$RT\ln\frac{a_x}{a_b} = \mu_B(g, T, k_b) - \mu_B(g, T, k_x)$$

$$= \left[\mu_B^{\ominus} + RT\ln\frac{k_b}{p^{\ominus}}\right] - \left[\mu_B^{\ominus} + RT\ln\frac{k_x}{p^{\ominus}}\right]$$

$$= RT\ln\frac{k_b}{k_x}$$

所以

$$\frac{a_x}{a_b} = \frac{k_b}{k_x}$$

方法②

按规定 Ⅱ,则 $\quad\quad p_B = k_x a_x \quad\quad$ (D)

按规定 Ⅲ,则 $\quad\quad p_B = k_b a_b \quad\quad$ (E)

因为蒸气压与标准状态选取无关,所以式(D)=式(E),即

$$k_x a_x = k_b a_b$$

$$\frac{a_x}{a_b} = \frac{k_b}{k_x}$$

方法③

由式(C)可知

$$RT\ln\frac{a_x}{a_b} = \mu_{\text{Ⅲ}}^{\ominus} - \mu_{\text{Ⅱ}}^{\ominus}$$

其中 $\mu_{\text{Ⅲ}}^{\ominus}$ 对应 $b_B^{\ominus} = 1\,\text{mol} \cdot \text{kg}^{-1}$ 且服从 Henry 定律的状态,若将 $b_B^{\ominus} = 1\,\text{mol} \cdot \text{kg}^{-1}$ 换算成摩尔分数,则

$$x_{\text{Ⅲ}}^{\ominus} = \cfrac{1}{1 + \cfrac{1}{M_A/(\text{kg} \cdot \text{mol}^{-1})}} = \frac{M_A/(\text{kg} \cdot \text{mol}^{-1})}{M_A/(\text{kg} \cdot \text{mol}^{-1}) + 1}$$

$$= \frac{\{M_A\}}{\{M_A\} + 1}$$

此处 M_A 为溶剂的摩尔质量($\text{kg} \cdot \text{mol}^{-1}$),$\{M_A\}$代表 M_A 的数值,于是前式写作

$$RT\ln\frac{a_x}{a_b} = \mu_{\text{Ⅲ}}^{\ominus}(x_{\text{Ⅲ}}^{\ominus}) - \mu_{\text{Ⅱ}}^{\ominus}$$

$$= \left[\mu_{\text{II}}^{\ominus} + RT\ln x_{\text{III}}^{\ominus} \right] - \mu_{\text{II}}^{\ominus}$$

$$= RT\ln x_{\text{III}}^{\ominus}$$

所以 $$\frac{a_x}{a_b} = x_{\text{III}}^{\ominus}$$

即 $$\frac{a_x}{a_b} = \frac{\{M_A\}}{\{M_A\} + 1}$$

以上三种推导有无错误? 若无错误,就说明 $\dfrac{k_b}{k_x} = \dfrac{\{M_A\}}{\{M_A\} + 1}$ 是

正确的,这一结论为什么与我们在稀溶液中推得的关系式 $\dfrac{k_b}{k_x} =$

$\dfrac{\{M_A\}}{1}$ 相矛盾?

4-31 溶液中组分 A 对 Raoult 定律有正偏差,那么它对 Henry 定律的偏差情况如何? 反之呢?

4-32 对于二组分溶液 $x_A + x_B = 1$。因为 a_A 和 a_B 为校正浓度,所以 $a_A + a_B = 1$。这种说法正确吗?

4-33 A 和 B 形成溶液。在定温定压下当组成发生变化时,若 μ_A 增大,则 μ_B 减小;若 μ_A 减小,则 μ_B 值增大。对吗? 为什么? a_A 与 a_B 的变化关系是否也服从如上的交错规律?

4-34 (1) 在一定温度和压力下,某固体溶于水形成理想溶液,则溶解热等于该条件下固体的熔化热;若某气体溶于水形成理想溶液,则溶解热等于该气体的冷凝热。

(2) 以上两种情况均系理想溶液的制备过程,根据理想溶液的通性,两种情况下均无热效应。

以上结论相互矛盾。请说明你的看法。

4-35 在 25℃,101325Pa 下,某非挥发性溶质 B 的饱和水溶液浓度为 $x_B = 0.20$(假设为理想溶液)。由于长时间放置,有 4mol 水蒸发掉,此时有什么现象发生? 此过程的热量为多大?(结果用水和 B 的物性参数表示)。

4-36 在一定压力下,一般气体在液体中的溶解度随温度升高而降低,而固体物质在液体中的溶解度却随温度升高而增加。这是大家熟知的事实。试从化学势出发进行严格的热力学证明(假设溶液是理想溶液)。

4-37 有人说:所谓标准状态就是指标准压力下活度等于 1 的状态。这种说法正确吗?

4-38 稀薄溶液的冰点降低公式 $\Delta T_f = K_f b_B$ 是由理想溶液的冰点降低公式

$$\ln x_A = \frac{\Delta_s^l H_{m,A}}{R}\left(\frac{1}{T_f^*} - \frac{1}{T_f}\right)$$

经过利用"稀薄"条件作合理近似之后得来的。因此公式 $\Delta T_f = K_f b_B$ 只适用于那些由理想溶液冲稀而得的稀薄溶液,而对于由实际溶液冲稀而得的稀薄溶液(即实际的稀溶液)是不适用的。你如何看待这种说法?

4-39 对二元理想溶液

$$\Delta_{mix}G = n_A RT \ln x_A + n_B RT \ln x_B \tag{1}$$

而对非理想溶液则

$$\Delta_{mix}G = n_A RT \ln a_A + n_B RT \ln a_B \tag{2}$$

当溶液很稀时,可以用 x 代替活度,即

$$a_B = x_A, \qquad a_B = x_B$$

所以对稀薄溶液,(2)式可写作

$$\Delta_{mix}G = n_A RT \ln x_A + n_B RT \ln x_B$$

此式与(1)式完全相同。因此,有人作结论:稀薄溶液就是理想溶液,即一切理想溶液的公式均适用于稀薄溶液。这一结论对吗?

4-40 在 25℃,101325Pa 下,$x_B = 0.6$ 的溶液中,B 的蒸气分压可用 $p_B = k_x a_B$ 计算,也可用 $p_B = k_b a_B$ 求算。下面分别用三种不同的方法推导出 Henry 常数 k_x 和 k_b 的关系:

方法①

根据 Henry 定律,溶液中溶质的蒸气分压为

$$p_B = k_x x_B$$

或

$$p_B = k_b b_B / b^\ominus$$

因为 p_B 与 Henry 定律的形式无关,所以比较上面两式得,

$$k_b = \frac{x_B}{b_B/b^\ominus} k_x = \frac{0.6}{\dfrac{0.6}{0.4 M_A} \bigg/ 1 \text{mol} \cdot \text{kg}^{-1}} k_x$$

$$= (0.4 M_A/\text{kg} \cdot \text{mol}^{-1}) k_x$$

其中 M_A 为溶剂的摩尔质量,单位为 kg·mol^{-1},若以 $\{M_A\}$ 代表其数值,则以上结果写作

$$k_b = 0.4 \{M_A\} k_x$$

方法②

若溶液无限稀薄,$x_B \rightarrow 0$,$b_B \rightarrow 0$,则

$$p_B = k_x x_B = k_b \frac{b_B}{b^\ominus}$$

所以若取含有 1kg 溶剂的溶液,则

$$k_b = \frac{x_B}{b_B/b^\ominus} k_x = \frac{\dfrac{n_B}{n_A + n_B}}{n_B/\text{mol}} k_x$$

$$= \frac{\text{mol}}{n_A + n_B} k_x$$

$$\approx \frac{\text{mol}}{n_A} k_x \qquad (\text{因为 } x_B \rightarrow 0)$$

$$= \frac{\text{mol}}{1\text{kg}/M_A} k_x = (M_A/\text{kg} \cdot \text{mol}^{-1}) k_x$$

即

$$k_b = \{M_A\} k_x$$

式中 M_A 为溶剂的摩尔质量。

方法③

对于 $b_B^\ominus = 1\text{mol} \cdot \text{kg}^{-1}$ 且服从 Henry 定律的假想状态,进行浓度换算(取 1kg 溶剂计算)可得其摩尔分数为

$$x_B = \frac{1\text{mol}}{1\text{mol} + \dfrac{1\text{kg}}{M_A}}$$

$$= \frac{M_A}{M_A + 1\text{kg} \cdot \text{mol}^{-1}} = \frac{\{M_A\}}{\{M_A\} + 1}$$

所以该状态的蒸气压

$$p_B = k_b \frac{b_B^{\ominus}}{b^{\ominus}} = k_x x_B$$

$$k_b = k_x x_B = k_x \frac{\{M_A\}}{\{M_A\} + 1}$$

即

$$k_b = \frac{\{M_A\}}{\{M_A\} + 1} k_x$$

式中 M_A 为溶剂 A 的摩尔质量。

以上三种推导得出各不相同的结果。你认为哪个结果正确？为什么？

4-41 理想稀薄溶液的微观特征是什么？从微观特征上解释，为什么 $x_B = 1$ 且服从 Henry 定律的状态(规定 II 的标准状态)是假想液体的状态？

4-42 "在一定温度和压力下，液体 A 和 B 形成一对共轭溶液，则 A 与 B 组成的溶液不可能是理想溶液"。这种说法有无道理？

4-43 "若 A(l) 与 B(l) 形成理想溶液，且在 25℃，101325Pa 下 B 的饱和浓度(即溶解度)为 $x_B = 0.30$，则……"。此话有无错误？为什么？

4-44 由 $\left(\dfrac{\partial \mu_i}{\partial p}\right)_T = V_i$ 可知

$$\left(\frac{\partial \mu_i^{\ominus}}{\partial p}\right)_T = V_i^{\ominus}$$

即溶液中溶剂和溶质的标准状态的偏摩尔体积 $V_A^{\ominus}$ 和 $V_B^{\ominus}$ 都可用标准状态化学势随压力的变化率来表示。你是如何看待这个结论的?

4-45 若在一定条件下($W'=0$)α 相与 β 相呈相平衡

$$B(\alpha \text{ 相}) \Longrightarrow B(\beta \text{ 相})$$

则物质 B 在 α 相和 β 相中的活度相等。这种说法有无错误?

4-46 由 Clausius 不等式证明,在下列各种条件下传质过程的方向和限度都是由物质的化学势决定的:

(1) 等 S、等 V,且 $W'=0$;

(2) 等 S、等 p,且 $W'=0$;

(3) 等 T、等 V,且 $W'=0$。

4-47 压力为 p 的实际气体混合物中,有如下关系

$$\lim_{p \to 0} \gamma_B = 1$$

其中 γ_B 为混合气体中气体 B 的逸度系数。有人建议将上式改作

$$\lim_{p_B \to 0} \gamma_B = 1$$

其中 p_B 为气体 B 的分压。这个建议是否合理?

4-48 在 0℃,101325Pa 下,有一冰水混合物,若往其中加入少许白糖,将发生什么现象?并用热力学观点进行解释。

4-49 试分别比较理想溶液中任意物质 B 的 μ_B,V_B,H_B 和 S_B 与同温同压下纯 B(l)的 μ_B^*,$V_{m,B}$,$H_{m,B}$ 和 $S_{m,B}$ 的大小。若二者不同请求出它们的差值。

4-50 试分别比较理想稀薄溶液中溶剂 A 的 μ_A,V_A,H_A 和 S_A 与同温同压下纯溶剂的 μ_A^*,$V_{m,A}$,$H_{m,A}$ 和 $S_{m,A}$ 的大小。若二者不等,求出它们的差值。

4-51 试分别比较 $p^\ominus$ 下的理想稀薄溶液中溶质 B 的 μ_B,V_B,H_B 和 S_B 与其标准状态的 $\mu_B^\ominus$,$V_B^\ominus$,$H_B^\ominus$ 和 $S_B^\ominus$ 的大小。若二者不同,试求其差值。

4-52 在 20℃时,将压力为 $p^\ominus$ 的 1mol NH_3(g)溶解到大量的、物质的量之比为 $n(NH_3):n(H_2O)=1:21$ 的溶液中。已知

此溶液中 NH_3 的平衡蒸气分压为 3.6kPa,问该转移过程的 ΔG 是多少?

4-53 大家知道,当压力改变不很大时,可近似认为液体的蒸气压不变。试利用此结论证明,液体在等 T 且 Δp 值不很大的过程中 $\Delta G \approx 0$。

4-54 对理想溶液

$$\Delta_{mix}G = RT \sum_B n_B \ln x_B$$

$$\Delta_{mix}S = -R \sum_B n_B \ln x_B$$

有人说,只要将上述两公式中的浓度 x_B 换作活度 a_B,即成为适用于非理想溶液的公式了。这种说法对吗? 为什么?

4-55 因为理想气体的熵与压力有关,所以其化学势必与压力有关。你是如何理解上述这句话的。

4-56 已知 A(l) 与 B(l) 完全互溶,在 298K 时纯 A(l) 的蒸气压 $p_A^* = 1000Pa$,A 溶于 B 中的 Henry 常数 $k_x = 2000Pa$。某巨大系统由 A 和 B 形成的两种溶液所组成,中间有隔板将两溶液分开,如图所示。若将隔板换成 A 的半透膜,则 A 便由溶液 1 流入溶液 2。求当有 1mol A 流过半透膜时系统的 ΔG。由热力学原理论证此过程为什么自发? A 和 B 形成的溶液对于 Raoult 定律和 Henry 定律的偏差如何?

溶液 1	溶液 2
$x_A = 0.99$	$x_A = 0.01$
T, p	T, p

4-56 题图示

4-57 A 和 B 二组分形成下列(1),(2)和(3)各溶液。B 溶于 A 的 Henry 常数 $k_{x,B}$ 与其饱和蒸气压 p_B^* 相比,大小如何?

（1）A 和 B 形成理想溶液；

（2）A 和 B 形成具有正偏差的溶液；

（3）A 和 B 形成具有负偏差的溶液。

4-58 在一定温度和标准压力下，溶质 B 在 α 液体和 β 液体中达分配平衡，据热力学原理

$$\mu_B(\alpha) = \mu_B(\beta)$$

若两相中的 B 均选 $x_B = 1$ 且服从 Henry 定律的状态为标准状态（即规定Ⅱ），则上式为

$$\mu_B^\ominus + RT\ln a_B(\alpha) = \mu_B^\ominus + RT\ln a_B(\beta)$$

所以 $\qquad\qquad a_B(\alpha) = a_B(\beta)$

即 B 在两相中的活度相等。你如何看待上述推理和结论？

4-59 物质 B 溶于溶剂 A 形成非理想溶液，可否应用修正后的沸点升高公式

$$\ln a_A = \frac{\Delta_l^g H_{m,A}}{R}\left(\frac{1}{T_b} - \frac{1}{T_b^*}\right)$$

来求溶液中 A 的活度？为什么？若上式可以应用，必须满足什么客观条件和主观条件？

第5章 相平衡热力学

5.1 重要概念、规律和方法

1. 相平衡系统

相律是相平衡系统的普遍规律,即它适用于所有相平衡系统。对于一个多相系统,相平衡并不要求每一种物质在所有相中都存在,只要求每一种物质在它所存在的所有相中化学势相等。例如,蔗糖水溶液与其蒸气平衡共存,气相中虽然不存在蔗糖,但该系统仍属于相平衡系统;若两个不同浓度的蔗糖水溶液通过水的半透膜达到渗透平衡,由于蔗糖在两溶液中的化学势不相等,所以该系统不受相律约束。

2. 自由度

在保证系统相态不变的情况下,可以在一定范围内自由变动的强度性质,称为自由度。此处"相态不变"是指系统的相数和各相的形态不变,即不引起新相生成或旧相消失。可见相态不同于状态,当某些自由度变化时,系统的相态没变但状态却改变了。

3. 相平衡的研究方法

具体研究系统相平衡性质的方法有理论计算和实验测量两种。理论计算只适用于少数特定的系统或特定的情况,例如纯物质两相平衡的计算,理想溶液和理想稀薄溶液的蒸气压、冰点、沸点和渗透压的计算,分配平衡计算等。但对于任意的相平衡系统,即使组分数和相数并不太大(例如纯物质的三相平衡,非理想溶液的蒸气压、冰点、沸点等),纯理论计算的方法也是不奏效的,对于那些组分数和相数较多的系统就更不必说了。因此,迄今为止研究相平衡性质的主要方法是实验测量,得到充分的实验数据后,将相平衡情况以图的形式表示出来,称为相图。也就是说,研究相平衡的主要方法是相图而并非解析计算。

4. 纯物质的相图

纯物质的相图是 p-T 图。p-T 图显示了各种相平衡曲线;每一块面积代表一个相;三条线的交点为三相点。三相点是由物质的本性所决定的,它代表了三相平衡共存的状态。水的相图是单组分系统的基本相图,任何单组分系统的相图都可看作是由若干个这种相图组合而成的。

5. 恒沸物

具有很大正偏差或很大负偏差的溶液系统可形成恒沸物。恒沸物在沸腾时气液相具有相同的组成,因而不可用精馏方法将它分离。对于有恒沸物的系统,在精馏操作中不能得到两个纯组分,只能得到一个纯组分和恒沸物。恒沸物的组成随压力而变化,在某些条件下,恒沸物甚至可能消失。

6. 二元相图的读图规则

二元相图各式各样,其中较复杂的相图都是由七张基本相图按照一定规律组合而成的。因此,要准确无误地读懂它们,关键是牢固掌握七张基本相图的特点。七张基本相图为:①高温相完全互溶,低温相也完全互溶且形成理想(或近于理想)混合物的二元相图;②高温相完全互溶,低温相也完全互溶但形成非理想混合物的二元相图;③部分互溶双液系或双固系的相图(曲线内部代表共轭溶液或共轭固溶体);④高温相完全互溶,低温相完全不互溶的二元相图;⑤ 液相完全互溶,固相完全不互溶且形成稳定化合物的二元液-固图;⑥液相完全互溶,固相完全不互溶且形成不稳定化合物的二元液-固图;⑦高温相完全互溶而低温相部分互溶的二元相图。

二元相图通常是等压下的 $T\text{-}x$ 图。相图由若干个相区组成，每个相区是点的集合：一个点，或无穷多个点（此时相区为线或面）。在相图中，相区彼此之间有确定的关系，相区按一定规则构成整个相图。面对一张较复杂的相图，要遵照以下规则读图：①先读三相线。任何三相线都是水平线。在无相点重合的情况下，三个相点分别位于水平线的两端和中间的某个交叉点，即三相线的两端分别顶着两个单相区同时中间与另一个单相区相连。可见读懂了三相线就能帮助人们确定某些单相区的存在。②确定两相区。任何两相区的两侧必是两个单相区，而且它们所代表的相态分别是两侧相区所包含的两种相态。因此只要确定了相图中的单相区，两相区的确定便迎刃而解。

7. 三角坐标图及其规律

三元相图通常表示在等温等压下系统的相态与物系组成的关系。系统的组成通常用三角坐标图表示。等边三角形的三个顶点 A，B 和 C 分别代表三个纯组分。三条边 AB，AC 和 BC 分别代表 A-B，A-C 和 B-C 三种两组分系统。三角坐标图内部的任一个物系点代表一个三组分系统。通过该点分别做两个侧边的平行线与底边相交，底边被分为三段。中间一段的长度代表上顶角组分的含量，右边一段的长度代表左顶角组分的含量，左边一段的长度代表右顶角组分的含量。常用如下四条规律来处理三组分系统相图：①与任一边相平行的同一条直线上的所有物系点具有相同的对顶角组分含量；②在过某一顶点的同一条直线上，所有物系中其他两个顶角组分的含量比相同；③若把任意两个物系点为 M 和 N 的三组分系统合二为一，则新的物系点必在 M 与 N 的连线上，具体位置可用杠杆规则确定；④由三个三组分系统混合成一个新的三组分系统，则其物系点可由重心规则确定。

5.2 主 要 公 式

1.
$$K = S - R - R'$$

式中 K 为系统的组分数,S 为物种数,R 为化学反应数,R' 为浓度限制条件。此式称作组分数的定义式。其中 R 是指存在于各物种之间的独立的化学反应数目,在确定 R 值时,不能超出物种范围。R' 是系统中在物种浓度之间存在的固定不变的独立关系式的数目(在同一相中关系式 $\sum_B x_B = 1$ 除外)。对于同一个相平衡系统,物种数往往随人们主观考虑问题的方式和角度不同而异,而组分数与这种人为因素无关。

2.
$$f = K - \phi + 2$$

此式称做相律,它适用于所有相平衡系统。其中 f 是系统的自由度数,ϕ 是系统的相数。式中数字 2 来源于系统的 T 和 p。若还有其他外界因素影响相平衡,也必须加以考虑。例如,若系统中不是同一个压力,则应该将多个压力的数目都加进去。因而在应用相律时,常常需要根据具体情况将"2"进行修改。相律表明,对于指定的系统,当 $f = 0$ 时,相数最多;当 $\phi = 1$ 时,自由度最多。相律只表明自由度数与相数的关系,至于自由度具体是什么及系统的具体相态如何,相律不能回答,这类具体的相平衡细节要由相图来确定。

3.
$$\frac{\mathrm{d}p}{\mathrm{d}T} = \frac{\Delta_\alpha^\beta H_m}{T \Delta_\alpha^\beta V_m}$$

此式称做 Clapeyron 方程。它适用于纯物质的任意两相平衡。该式描述平衡时压力与温度的关系,纯物质的相图中每一条曲线均应服从这一规律。对于气-液平衡,若把蒸气视为理想气体且忽略液体的体积,则上式可近似为

$$\frac{\mathrm{dln}\{p\}}{\mathrm{d}T} = \frac{\Delta_l^g H_m}{RT^2}$$

其中 p 为气-液平衡时的压力(即液体的蒸气压)。此式叫做 Clausius-Clapeyron 方程(简称克-克方程),克-克方程定量反映了液体的蒸气压与温度的关系。当温度变化不大时,常把气化焓 $\Delta_l^g H_m$ 近似当作常数,此时克-克方程可写为

$$\ln \frac{p_2}{p_1} = \frac{\Delta_l^g H_m}{R}\left(\frac{1}{T_1} - \frac{1}{T_2}\right)$$

此式可方便地用于由某一温度下的蒸气压计算其他温度下的蒸气压。显然,克-克方程也适用于纯物质的气-固平衡,用于计算易挥发固体的蒸气压,此时只需将上式中的气化焓 $\Delta_l^g H_m$ 改作升华焓 $\Delta_s^g H_m$ 即可。

4.
$$\left(\frac{\partial p_v}{\partial p}\right)_T = \frac{V_m(l)}{V_m(g)}$$

式中 p 和 p_v 分别代表液体的压力和蒸气压,$V_m(l)$ 和 $V_m(g)$ 分别代表液体和蒸气的摩尔体积。此式描述液体压力对蒸气压的影响:$\left(\frac{\partial p_v}{\partial p}\right)_T > 0$,表明液体的蒸气压随压力升高而增大;$\left(\frac{\partial p_v}{\partial p}\right)_T$ 值很小,表明液体的蒸气压对压力不敏感。在处理具体问题时,若压力变化不大,一般忽略压力对蒸气压的影响。

5. 杠杆规则

若系统以任意两相 α 和 β 共存,即在相图中物系点位于两相区。假设 o,α 和 β 分别代表物系点和两相的相点,它们的组成分别为 X_B,$x_B(\alpha)$ 和 $x_B(\beta)$,两相中的物质的量分别为 $n(\alpha)$ 和 $n(\beta)$,如下图所示:

则
$$\frac{n(\alpha)}{n(\beta)} = \frac{x_B(\beta) - X_B}{X_B - x_B(\alpha)}$$

或
$$\frac{n(\alpha)}{n(\beta)} = \frac{\overline{o\beta}}{\overline{o\alpha}}$$

此关系称杠杆规则,它反映两相中物质的量的相对大小。如果知道系统中的物质总量,则可利用上式求出各相中的物质的量。杠杆规则的本质是物料守恒,因此不论两相是否平衡,规则均可适用。若将上式中的组成以质量分数 w_B 表示,则 $n(\alpha)$ 和 $n(\beta)$ 应分别换成质量 $m(\alpha)$ 和 $m(\beta)$。

5.3 思 考 题

5-1 在沸点时液体沸腾的过程中,下列各量何者增加?何者不变?

(1) 蒸气压;   (2) 摩尔汽化焓;   (3) 熵;

(4) 内能;   (5) Gibbs 函数。

5-2 相律的推导是假设系统有 ϕ 个相,而每个相中都有 S 种物质而得到的。如果有的相中物质数少于 S(即不是每种物质都存在于所有相中),相律是否还成立?为什么?

5-3 用相律解释

(1) 在一定温度下,当反应

$$FeO(s) \stackrel{\textstyle =\!\!=}{} Fe(s) + \frac{1}{2}O_2(g)$$

达到平衡时,再加入 $2mol\ O_2$,系统的平衡压力是否改变?

(2) 水和水蒸气在某温度下平衡共存,若在温度不变的情况下将系统的体积增大一倍,蒸气压力是否改变?若系统内全是水蒸气,体积增大一倍,压力是否改变?

5-4 (1) 将 $NaCl(s)$ 和 $KNO_3(s)$ 溶于水,形成饱和溶液(溶

液中有过量固体盐存在),试求该系统的组分数和自由度数。

（2）一个含有 Na^+, Cl^-, K^+ 和 NO_3^- 的水溶液,自由度为多少? 系统最多能有几个相平衡共存?

上述两个系统的组分数一样吗? 为什么?

5-5　求下列系统的自由度数。

（1）　　　　　　　　　　　（2）渗透平衡

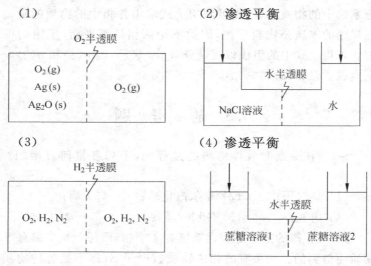

（5）溶液 1 和溶液 2 分别是某乙醇水溶液蒸馏后的剩余物和馏出物

（6）$AlCl_3$ 溶于水后水解并有 $Al(OH)_3$ 沉淀生成

5-6 有人说,在二组分理想溶液气-液平衡系统中,具有两个浓度限制条件,即

$$p_A = p_A^* x_A \quad 和 \quad p_B = p_B^* x_B$$

因此 $K = S - R' = 2 - 2 = 0$,指出这种观点的错误所在。

5-7 请回答下列问题:

(1) 相律 $f = K - \phi + 2$ 中,数字 2 具体是指什么? 相律有无适用条件?

(2) 应该如何判断系统中的化学反应数 R 和浓度限制条件 R'?

(3) 某二组分物系两相共存,在相图上应如何找出两相的组成?

(4) 某二组分物系三相共存,如何在相图上找出三相的组成?

5-8 见 5-5 题(4)图。若溶液 1 的浓度比溶液 2 大,即 $x_B(aq1) > x_B(aq2)$,当水达渗透平衡时两溶液上方的压力分别为 p_1 和 p_2。

(1) p_1 与 p_2 相比,二者谁大些?

(2) 渗透平衡时 $\mu_A(aq1) = \mu_A(aq2)$,$\mu_B(aq1)$ 与 $\mu_B(aq2)$ 二者的大小如何比较?

(3) 该系统是否为相平衡系统?

(4) 如何确定该系统的自由度数?

5-9 在 101325Pa 下,溶质 B 在 α 和 β 两液体中达分配平衡,且 $c_B(\alpha) = 2c_B(\beta)$。此系统的物种数为 3,浓度限制条件为 1,所以 $K = 3 - 1 = 2$,$f^* = K - \phi + 1 = 2 - 2 + 1 = 1$。即此系统有 1 个自由度。上述推理和结论正确吗?

5-10 在一个相平衡系统中,各物种之间有几个独立的化学反应,就有几个平衡常数,平衡常数即是平衡浓度关系式。所以,一个化学反应实际上就是一个浓度限制条件。你如何看待上述推理和结论?

5-11 水的蒸气压方程为

$$\lg\{p\} = A - \frac{2121}{T}$$

（1）将 10 克水放入体积为 10 升的真空容器中，问 323K 时尚有多少克水？

（2）逐渐升高温度，在何温度时水恰全部变为水蒸气？

5-12 根据碳的相图，回答下列问题：

（1）点 O 及曲线 OA，OB 和 OC 具有什么含义？

（2）试讨论在常温常压下石墨与金刚石的稳定性；

（3）2000K 时，将石墨变为金刚石需要多大压力？

（4）在任意给定的温度和压力下，金刚石与石墨哪个具有较高的密度？（若需要热力学数据，可从教材附录中自行查阅）

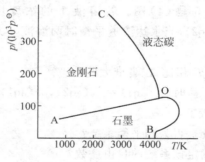

5-12 题图示

5-13 将水在 101325Pa 的空气中加热至 373.2K 时，水便沸腾。若水面上不是 101325Pa 的空气而是 373.2K，101325Pa 的大量水蒸气，情况又如何？沸腾过程是可逆相变吗？为什么？

5-14 （1）在定压下，T_b^* 和 T_c^* 分别为纯液态 A 的沸点和纯气态 A 的冷凝温度。试比较 T_b^* 与 T_c^* 的大小。

（2）在定压下，T_b 为组成为 x_B 的溶液的沸点，而 T_c 为组成 x_B 的气体的冷凝温度，试比较 T_b 与 T_c。

(3) A(l)和 B(l)能以任意比例互溶。在一定压力 p 下,它们的沸点分别为 $T_{b,A}^*$ 和 $T_{b,B}^*$,且 $T_{b,A}^* > T_{b,B}^*$。今有压力为 p 的 A(g)和 B(g)的混合气体,等压下将气体降温,气体温度降至 $T_{b,A}^*$ 时,便首先有 A 的液体生成。当 T 降至 $T_{b,B}^*$ 时,B 气体开始冷凝。对吗?如果 A,B 两液体完全不互溶,情况又如何呢?

5-15 若某相中不含物质 B,可用 $\mu_B = 0$ 来描述这种情况。这种描述方法有无道理?

5-16 由于一个系统的组分数是唯一的,因此不论系统所处的状态如何变化,则其 K 值不变。对吗?

5-17 H_2O-NaCl 系统的相图如图所示。

(1) 现有一保温杯,其中装有 100 克冰水混合物(其中水量很少)。若往杯中加入 35 克食盐,杯里将发生什么现象?当平衡后杯中物质的状态如何。

(2) 若(1)中的冰水混合物里含冰量很少,情况又将如何?

(3) 若将(1)中最后得到的平衡物放入一个铝制容器中(气温为 0℃),其状态将如何变化?

(4) 若将(1)中最后得到的平衡物放入一个铝制容器中(气温为 -21℃),然后慢慢向容器中添加 NaCl(s),状态将如何变化?

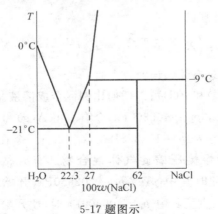

5-17 题图示

5-18 对含 B 为 X 的某溶液(其沸点为 T_1)进行蒸馏至温度为 T_2,如图所示。此时馏出物组成为

$$\frac{y_1 + y_2}{2}$$

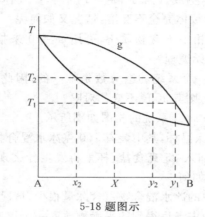

5-18 题图示

而剩余物组成为

$$\frac{x_2 + X}{2}$$

所以,根据杠杆规则

$$n_{剩}\left(X - \frac{x_2 + X}{2}\right) = n_{馏}\left(\frac{y_1 + y_2}{2} - X\right)$$

你认为上述处理有无错误?

5-19 A(l)和 B(l)可以任何比例混合成溶液。已知 125℃时 $p_A^* = 202650\text{Pa}$, $p_B^* = 405300\text{Pa}$,今有一由 A(g)和 B(g)构成的气体混合物,压力为 $p = 101325\text{Pa}$,$y_A = 0.5$。今在等温(即保持 125℃不变)下慢慢压缩此气体混合物。有人估计,当 p 增至 405300Pa 时,此时其中 $p_A = p_B = 202650\text{Pa}$,开始析出纯 A(l)。当 p 继续增加,直至其中 $p_B = 405300\text{Pa}$ 时,便开始析出 B(l)。这

种估计为什么是错误的。

5-20 (1)不同温度下溶液的蒸气压可以用克-克方程来计算吗?

(2)不同温度下在给定溶液中某一组分的蒸气分压可否用克-克方程进行计算?

(3)最初由 n 种物质掺合在一起构成的系统,平衡后系统的组分数不可能大于 n,即 $K \leqslant n$。此结论有无道理?

(4)在等压下将某偏差不大的非理想溶液在烧杯中加热,溶液于 T_1 时全部汽化;若等压下将该溶液置于一气缸中加热,则于 T_2 时全部汽化。请判断 T_2 大于 T_1、小于 T_1,还是等于 T_1?

5-21 在单组分系统的相图中,在三相点附近 s-g 线的斜率为什么总是大于 l-g 线的斜率?

5-22 有人通过实验,作出下列几张二组分相图。你认为他的实验结果正确吗?如果有错误,请指出错在何处?

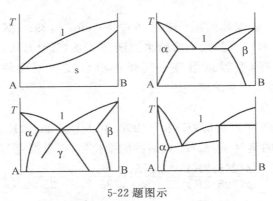

5-22 题图示

5-23 如图所示,在 A 和 B 的固-液相图中有一个稳定化合物 C,C 两侧分别为两个[l+C(s)]的两相区。因为 M 点和 N 点所代表的溶液 l(M)和 l(N)在同温同压下与同一个 C(s)平衡共存,所以若将此二液体倒入同一容器中,二者必平衡共存形成一对共轭溶液系统。也就是说,上述两个两相区实际上相当于一个部分互溶双液相区。你是否同意以上的分析?若不同意,请说明理由。

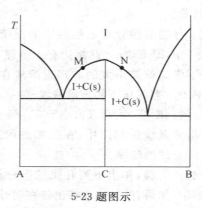

5-23 题图示

5-24 已知冰的融化热为 $6008J \cdot mol^{-1}$,298.2K 时水的蒸气压为 3167Pa。若某个蔗糖水溶液在 258.2K,101325Pa 下与纯冰平衡共存(假设该溶液是理想溶液),以下用两种方法计算298.2K 时该溶液的蒸气压:

方法①

若分别用 $p(258.2K)$ 和 $p(298.2K)$ 代表 258.2K 及 298.2K时该溶液的蒸气压,$\Delta_s^l H_m$ 代表冰的融化热,则根据克-克方程

$$\ln \frac{p(258.2K)}{p(298.2K)} = \frac{\Delta_s^l H_m}{R}\left(\frac{1}{298.2K} - \frac{1}{258.2K}\right)$$

即

$$\ln \frac{101325Pa}{p(298.2K)} = \frac{6008}{8.314}\left(\frac{1}{298.2} - \frac{1}{258.2}\right)$$

故

$$p(298.2K) = 147529Pa$$

方法②

由于水的凝固点降低常数 $K_f = 1.86K \cdot kg \cdot mol^{-1}$

所以 $$\Delta T_{\mathrm{f}} = K_{\mathrm{f}} b_{\mathrm{B}}$$

即 $$15\mathrm{K} = (1.86\mathrm{K \cdot kg \cdot mol^{-1}}) b_{\mathrm{B}}$$

$$b_{\mathrm{B}} = 8.0645 \mathrm{mol \cdot kg^{-1}}$$

而水的摩尔质量 $M_{\mathrm{A}} = 18 \times 10^{-3}\mathrm{kg \cdot mol^{-1}}$,取 1kg 水计算:

$$x_{\mathrm{B}} = \frac{8.0645}{8.0645 + \dfrac{1}{18 \times 10^{-3}}} = 0.1268$$

故 298.2K 时溶液的蒸气压

$$p(298.2\mathrm{K}) = p_{\mathrm{A}}^{*} x_{\mathrm{A}}$$

$$= 3167 \times (1 - 0.1268)\mathrm{Pa} = 2765\mathrm{Pa}$$

以上两种解法,结果为什么不同?你如何评价上述两种方法?

5-25 A(l)和 B(l)形成理想溶液。纯 A(l)和纯 B(l)的沸点分别为 393K 和 358K。组成为 $x_{\mathrm{B}} = 0.4$ 的溶液在 373K 时沸腾且气相组成为 $y_{\mathrm{B}} = 0.8$。在 373K,101325Pa 下将 90mol 的 B 气体慢慢通入 10mol A 液体中,如图所示。试详细说明通气过程中系统的状态如何变化(包括聚集状态和浓度等)。

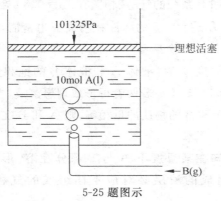

5-25 题图示

5-26 由 A,B 二元系统的气-液相图可知,O 点为最低恒沸点。若将一恒沸物组成($x_{\mathrm{B}} = 0.7$)的溶液于室温下在空气中缓慢蒸发一段时间,问该溶液的组成是否发生变化? 为什么?

5-27 A 和 B 的二元相图如图所示。若将 1mol A(l) 与 1mol B(l) 装入一恒容密闭容器中,当将容器中的溶液加热至 100℃时,由相图可知物系点为 O,此时气-液两相共存,且气相及液相各含 1mol 的物质。对吗?

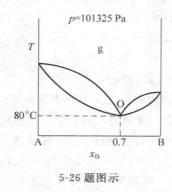

5-26 题图示

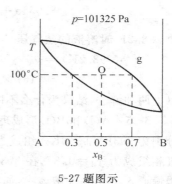

5-27 题图示

5-28 A 和 B 系统的气-液相图在 $x_B = 0.80$ 处具有最低恒沸点。若将组成为 $x_B = 0.5$ 的溶液在精馏塔中精馏,结果在塔顶和塔釜分别得到什么产物?

5-29 在温度 T 时,液体 A 和液体 B 的饱和蒸气压分别为 p_A^* 和 p_B^*,且 $p_B^* = 5p_A^*$。若两者可形成理想溶液,当气、液两相平衡时,气相中 A 和 B 的物质的量相等,则 A 和 B 在液相中的摩尔分数各为多少?

5-30 已知在某温度下 A 与 B 部分互溶,形成共轭溶液,该两个不同组成的液层必对应不同组成的气相。此说法正确吗?

5-31 已知 $H_2O(l)$ 与 $C_6H_5Cl(l)$ 完全不互溶。试定性地画出该系统的气-液平衡相图(T-x 图)。

5-32 液体 B 比液体 A 易于挥发。在一定温度下向纯 A 液体中加入少量纯 B 液体形成稀薄溶液。下列说法是否正确？

（1）该溶液的蒸气压必高于纯 A 的蒸气压；

（2）该溶液的沸点必低于纯 A 的沸点；

（3）该溶液的凝固点必低于纯 A 的凝固点（已知溶液凝固时析出纯固态 A）。

第6章 化学平衡热力学

6.1 重要概念和方法

1. 化学平衡的概念

在一定温度和压力下,若化学反应系统不伴随混合过程,化学反应开始后会一直进行,直至反应物完全转化成产物。如果反应过程中存在物质的混合过程,由于混合熵 $\Delta_{mix}S$ 的存在,使得反应不能进行到底,而最终获得平衡混合物。

对于等温等压下的化学反应 $0 = \sum_{B} \nu_B B$

$$\Delta_r G_m = \sum_B \nu_B \mu_B = \left(\frac{\partial G}{\partial \xi}\right)_{T,p}$$

此式表明:①在等温等压条件下,Gibbs 函数判据与化学势判据没有区别;②在一定温度及压力下,$G = G(\xi)$,即反应过程中系统的 G 随时改变,当达化学平衡时 G 具有最小值;③在一定温度及压力下,$\Delta_r G_m = f(\xi)$,表明在反应过程中 $\Delta_r G_m$ 具有即时性,当达平衡位置时 $\Delta_r G_m = 0$。

2. 化学反应方向和限度的判断

化学反应等温式表明,$\Delta_r G_m$ 的正负取决于 J 与 $K^\ominus$ 的相对大小,即

$$J \begin{cases} < K^\ominus & \text{反应正向进行} \\ > K^\ominus & \text{反应逆向进行} \\ = K^\ominus & \text{化学平衡} \end{cases}$$

3. 化学反应的 J 和 $K^{\ominus}$

参与反应的各种物质的活度积 J 与反应系统的温度、压力及组成有关,即在等温等压下随着反应进行 J 值不断变化;平衡常数 $K^{\ominus}$ 用于描述平衡位置,它只是温度的函数,即在反应过程中 $K^{\ominus}$ 值不随组成而变化。当达化学平衡时

$$K^{\ominus} = J^{\text{eq}} = \prod_{\text{B}} (a_{\text{B}}^{\text{eq}})^{\nu_{\text{B}}}$$

此式表明,$K^{\ominus}$ 值等于平衡时的活度积,这便是平衡常数的物理意义。用此式可由平衡组成求取平衡常数。反之,也可由 $K^{\ominus}$ 值计算平衡组成。

4. $K^{\ominus}$ 的具体形式

在热力学中,不同的物质常选择不同的标准状态。对于同一种物质,也常用不同习惯选择标准状态。因此,在不同情况下活度 a_{B} 具有不同的意义,因而 $K^{\ominus}$ 也就具有不同的表达形式:

(1) 对气相反应

$$K^{\ominus} = \prod_{\text{B}} \left(\frac{f_{\text{B}}^{\text{eq}}}{p^{\ominus}} \right)^{\nu_{\text{B}}}$$

若气体可近似视为理想气体,则上式为

$$K^{\ominus} = \prod_{\text{B}} \left(\frac{p_{\text{B}}^{\text{eq}}}{p^{\ominus}} \right)^{\nu_{\text{B}}}$$

(2) 对理想溶液反应

$$K^{\ominus} = \prod_{\text{B}} (x_{\text{B}}^{\text{eq}})^{\nu_{\text{B}}}$$

(3) 对理想稀薄溶液反应

$$K^{\ominus} = \prod_{\text{B}} (x_{\text{B}}^{\text{eq}})^{\nu_{\text{B}}}$$

或

$$K^{\ominus} = \prod_{\text{B}} \left(\frac{b_{\text{B}}^{\text{eq}}}{b^{\ominus}} \right)^{\nu_{\text{B}}}$$

或

$$K^{\ominus} = \prod_B \left(\frac{c_B^{eq}}{c^{\ominus}} \right)^{\nu_B}$$

（4）对复相反应，若气相是理想气体而液相和固相均是纯物质，则

$$K^{\ominus} = \prod_{B(g)} \left(\frac{p_B^{eq}}{p^{\ominus}} \right)^{\nu_B}$$

5. 化学反应的 $\Delta_r G_m$ 和 $\Delta_r G_m^{\ominus}$

$\Delta_r G_m$ 与反应系统的温度、压力及组成有关，在等温等压下 $\Delta_r G_m$ 随反应进行而变化。而 $\Delta_r G_m^{\ominus}$ 代表参与反应的所有物质都处在各自的标准状态时反应的 Gibbs 函数变，所以它只是 T 的函数，在反应过程中其值不随系统组成而变化。$\Delta_r G_m$ 与 $\Delta_r G_m^{\ominus}$ 的值不同，其关系为：

$$\Delta_r G_m - \Delta_r G_m^{\ominus} = RT \ln J$$

两者具有不同的用途。$\Delta_r G_m$ 用于判断化学反应的方向和限度，而 $\Delta_r G_m^{\ominus}$ 用于计算平衡常数。

6. 反应物的转化率和产物的产率

$$平衡转化率 = \frac{平衡时消耗的某反应物数}{该反应物的投料数} \times 100\%$$

$$平衡产率 = \frac{平衡时得到的某产物数}{按计量方程全部转化应得到的该产物数} \times 100\%$$

以上定义的平衡转化率和平衡产率也分别称为理论转化率（最高转化率）和理论产率（最高产率），它们从不同角度表征化学反应的限度。在实际情况下，如果反应不能达到平衡，实际的转化率和产率总比平衡值低。

7. 分解压

在一定温度下，将分解时有气体产生的某固体物质放入一真空密闭容器中，当达分解平衡时，容器内的压力被称为该固体物质在该温度下的分解压。这类固体物质分解反应的平衡常数常常通过测量分解压求得。

8. 化学平衡的移动

任何处于平衡的反应，$J = K^\ominus$。若改变反应条件使 J 和 $K^\ominus$ 两者之一（或同时）发生变化，则 $J \neq K^\ominus$，于是平衡移动。

（1）温度对平衡的影响：温度的影响主要表现为温度可以改变 $K^\ominus$。温度升高，使平衡向吸热方向移动；温度降低，使平衡向放热方向移动。

（2）压力对平衡的影响：对于无气体参与的反应，压力的影响很小，一般情况下可以忽略。对于含有理想气体（或低压气体）的反应，压力增大，使平衡向 $\sum\limits_{B(g)} \nu_B < 0$ 的方向移动；压力减小，使平衡向 $\sum\limits_{B(g)} \nu_B > 0$ 的方向移动；对于 $\sum\limits_{B(g)} \nu_B = 0$ 的反应，压力不产生影响。对于高压实际气体反应，上述结论是否成立，需通过具体比较改变压力时反应的 J 和 $K^\ominus$ 来判断。

（3）惰性气体对平衡的影响：在等压条件下加入惰性气体，反应气体的分压减小，所以对平衡的影响相当于压力减小。在等容条件下加入惰性气体：对理想气体（或低压气体）反应不产生影响；对实际气体反应将产生影响，其具体影响要根据加入惰性气体后 J 的变化而定。

（4）浓度对平衡的影响：物质浓度变化会影响反应的 J，从而使平衡移动。增加反应物浓度（或减小产物浓度），使平衡向生成产物的方向移动；减小反应物浓度（或增加产物浓度），使平衡向生成反应物的方向移动。因此，在实际生产过程中，人们总是采取提高较廉价的原料的投料比的办法来提高昂贵原料的转化率。

6.2 主要公式

1.
$$K^\ominus = \exp\left(-\frac{\Delta_r G_m^\ominus}{RT}\right)$$

或
$$\Delta_r G_m^\ominus = -RT\ln K^\ominus$$

此式为平衡常数的定义式。其中 $K^\ominus$ 为标准平衡常数，$\Delta_r G_m^\ominus$ 为化学反应的标准摩尔 Gibbs 函数变，T 为反应温度。此式适用于任意化学反应。

2.
$$\Delta_r G_m = -RT\ln K^\ominus + RT\ln J$$

此式称为化学反应等温式。其中 $\Delta_r G_m$ 是化学反应的摩尔 Gibbs 函数变，$J = \prod_B a_B^{\nu_B}$ 为参与反应的各物质的活度积，其值与反应系统的温度、压力及组成有关。此式适用于计算任意化学反应的 $\Delta_r G_m$。

3.
$$\Delta_r G_m^\ominus = \sum_B \nu_B \Delta_f G_{m,B}^\ominus$$

式中 $\Delta_f G_{m,B}^\ominus$ 是物质 B 的标准摩尔生成 Gibbs 函数，它是物质 B 的生成反应(在标准状态下，由稳定单质生成 1mol 物质 B)的 $\Delta_r G_m$。常用物质的 $\Delta_f G_m^\ominus(298.15K)$ 可由手册中查得。此式适用于计算任意化学反应的 $\Delta_r G_m^\ominus$。

4.
$$\frac{d\ln K^\ominus}{dT} = \frac{\Delta_r H_m^\ominus}{RT^2}$$

此式适用于任意化学反应。它描述反应的平衡常数 $K^\ominus$ 与温度 T 的关系，即 $|\Delta_r H_m^\ominus|$ 值越大，则 T 对 $K^\ominus$ 的影响越大，无热效应反应的 $K^\ominus$ 不受温度影响。对吸热反应，$\Delta_r H_m^\ominus > 0$，则 $K^\ominus$ 随温度升高而增大；对放热反应，$\Delta_r H_m^\ominus < 0$，则 $K^\ominus$ 随温度升高而减小。当温度由 T_1 变化到 T_2 时，若 $\Delta_r H_m^\ominus$ 可近似视为常数，则上式可写作

$$\ln \frac{K_2^\ominus}{K_1^\ominus} = \frac{\Delta_r H_m^\ominus}{R}\left(\frac{1}{T_1} - \frac{1}{T_2}\right)$$

其中 $K_1^\ominus$ 和 $K_2^\ominus$ 分别为 T_1 和 T_2 时的平衡常数。此式多用于计算不同温度下的平衡常数。

5.
$$K^\ominus = \prod_B \left(\frac{q_B'^\ominus}{N}\right)^{\nu_B} \cdot \exp\left[-\frac{\Delta_r U_m^\ominus(0K)}{RT}\right]$$

式中 $\Delta_r U_m^\ominus(0K)$ 是化学反应在 0K 时的标准内能变，T 是反应温

度，$q'^\ominus_B$ 是分子 B 的标准配分函数。对双原子分子

$$\frac{q'^\ominus_B}{N} = \frac{(2\pi mkT)^{3/2}}{h^3} \cdot \frac{kT}{p^\ominus} \cdot \frac{8\pi^2 IkT}{\sigma h^2} \cdot \frac{1}{1 - \exp(-h\nu/kT)}$$

前式适用于理想气体反应，是统计力学中计算理想气体反应平衡常数的主要公式之一。

6. $\quad -R\ln K^\ominus = \Delta_r\left[\dfrac{G^\ominus_m(T) - U^\ominus_m(0K)}{T}\right]_m + \dfrac{\Delta_r U^\ominus_m(0K)}{T}$

式中 T 是反应温度，$\Delta_r U^\ominus_m(0K)$ 是 0K 时反应的标准内能变，$\Delta_r\left[\dfrac{G^\ominus_m(T) - U^\ominus_m(0K)}{T}\right]_m$ 是反应的自由能函数变。此式适用于理想气体反应，是统计力学中计算理想气体反应平衡常数的主要公式之一。

7. $\quad \Delta_r U^\ominus_m(0K) = \Delta_r H^\ominus_m(T) - \displaystyle\int_{0K}^{T} \Delta_r C_{p,m}\,dT$

式中 $\Delta_r U^\ominus_m(0K)$ 为 0K 时反应的标准内能变，$\Delta_r H^\ominus_m(T)$ 为任意温度 T 时反应的标准焓变，$\Delta_r C_{p,m}$ 为反应的定压热容变。用此式计算 $\Delta_r U^\ominus_m(0K)$ 时，通常选 $T = 298.15K$。此式适用于任意化学反应，但要求当反应温度由 0K 变化到任意温度 T 时，参与反应的所有物质均不能发生相变。

8. $\quad \Delta_r U^\ominus_m(0K) = \Delta_r H^\ominus_m(T) - \Delta_r\left[H^\ominus_m(T) - U^\ominus_m(0K)\right]_m$

式中 $\Delta_r U^\ominus_m(0K)$ 为 0K 时反应的标准内能变，$\Delta_r H^\ominus_m(T)$ 为任意温度 T 时反应的标准焓变，$\Delta_r\left[H^\ominus_m(T) - U^\ominus_m(0K)\right]_m$ 为反应的热焓函数变。在用此式计算 $\Delta_r U^\ominus_m(0K)$ 时，通常选 $T = 298.15K$。此式适用于理想气体反应，是统计力学中计算 $\Delta_r U^\ominus_m(0K)$ 的主要公式之一。

6.3 思 考 题

6-1 平衡常数的定义是什么？物理意义是什么？

6-2 平衡常数的一般表示式是什么？在各种不同的反应系

统中它是如何演变成不同表示形式的？

6-3 一个化学反应的平衡常数是一个固定不变的数值吗？它决定于哪些客观因素？哪些主观因素将影响平衡常数的数值？

6-4 化学反应的 $\Delta_r G_m^\ominus$ 和 $\Delta_r G_m$ 有什么区别？计算平衡常数时用哪一个？判断化学反应的方向用哪一个？判断平衡移动用哪一个？

6-5 在什么情况下可以用 $\Delta_r G_m^\ominus$ 来粗略估算化学反应的方向？

6-6 一般的化学反应为什么不能进行到底？在没有混合熵 $\Delta_{mix} S$ 的反应系统中，在一定条件下，反应一旦发生便进行到底。为什么？

6-7 状态函数是用以描述系统平衡状态的宏观物理量。在一个正在进行化学反应或相变的系统中，并不处于物质平衡，这样的系统中是否每时每刻都有确定的 μ, G 和 S 等状态函数值？

6-8 一个化学反应的 $K^\ominus$ 与 J 的物理意义各是什么？在什么情况下二者相同？

6-9 什么叫化学反应的耦合？它的实质是什么？在实际工作中有何应用？

6-10 什么叫同时平衡？应该如何处理同时平衡问题？

6-11 高压气体反应的平衡常数如何表示？高压气体反应的 $\prod\limits_B \left(\dfrac{p_B^{eq}}{p^\ominus}\right)^{\nu_B}$ 只是温度的函数吗？同一气体反应的 $\prod\limits_B \left(\dfrac{p_B^{eq}}{p^\ominus}\right)^{\nu_B}$ 在高压下与在低压下相同吗？高压下的 $\prod\limits_B \left(\dfrac{f_B^{eq}}{p^\ominus}\right)^{\nu_B}$ 与低压下的 $\prod\limits_B \left(\dfrac{p_B^{eq}}{p^\ominus}\right)^{\nu_B}$ 相同吗？低压气体反应的 $\prod\limits_B \left(\dfrac{f_B^{eq}}{p^\ominus}\right)^{\nu_B}$ 与 $\prod\limits_B \left(\dfrac{p_B^{eq}}{p^\ominus}\right)^{\nu_B}$ 相同吗？

6-12 平衡移动的共性是什么？一个反应的平衡常数改变

了,平衡一定移动吗? 反之,如果一个反应平衡移动了,平衡常数一定改变吗?

6-13 若化学反应的 $\Delta_r C_{p,m} = \sum_B \nu_B C_{p,m,B} = 0$,即产物的热容与反应物的热容相等,则平衡常数 $K^\ominus$ 与 T 成较简单的函数关系,$\ln K^\ominus = f(T)$。试写出上述函数的具体形式。

6-14 $\Delta_r G_m^\ominus = -RT\ln K^\ominus$,由于 $K^\ominus$ 是代表平衡特征的量,所以 $\Delta_r G_m^\ominus$ 就是反应处于平衡时的 $\Delta_r G_m$。对吗?

6-15 当一个气相反应在 $p^\ominus$ 下进行时,反应的 $\Delta_r G_m$ 就是 $\Delta_r G_m^\ominus$。对吗?

6-16 反应

$$H_2 + \frac{1}{2}O_2 \Longequal H_2O$$

和

$$2H_2 + O_2 \Longequal 2H_2O$$

的 $\Delta_r G_m^\ominus$ 相同吗? $K^\ominus$ 相同吗? 若不同,它们的关系如何?

6-17 在一个反应系统中

$$2H_2(g) + O_2(g) \Longequal 2H_2O(g)$$

如果三种物质的比例 $n(H_2):n(O_2):n(H_2O) = 1:1:1$ 或 $2:1:3$,两种情况下的 $K^\ominus$,J,$\Delta_r G_m^\ominus$ 和 $\Delta_r G_m$ 分别相同吗?

6-18 什么叫平衡移动? 哪些因素可能影响平衡移动? 它们是如何影响的?

6-19 有人讲: 一般说来,在化学反应过程中(反应的某一产物是人们所需要的产品。例如 A+B→C+D,其中 D 是所希望的产品),若能连续不断地及时取走产品,最终得到的产品总量要比等反应结束后一次性所得产品数量为多。这话有无根据? 为什么?

6-20 对于气体,标准状态就意味着 $p^\ominus$,所以有人说理想气体反应的标准 Gibbs 函数变可表示成

$$\Delta_r G_m^\ominus = \left(\frac{\partial G}{\partial \xi}\right)_{T,p^\ominus}$$

这一表示式对不对?

6-21 如图所示,在 298K,101325Pa 时 $G_{m,A} > G_{m,B}$,所以反应 A→B 的 $\Delta_r G_m < 0$,即反应可向右进行,进行到 O 点达平衡为止。实际上,在该条件下纯 B 也会自动地部分转化为 A 以到达 O 点,即反应也能自动的向左进行。这与第二定律的"等温等压下不可能自动发生 $\Delta G > 0$ 的过程"的结论相矛盾吗? 为什么?

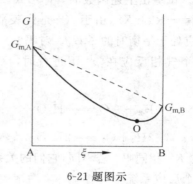

6-21 题图示

6-22 对于封闭系统中的等 T 等 p 化学反应 A+B→2C,反应的 $\Delta_r G_m$ 在反应过程中是否变化? 并说明理由。

6-23 在一定的温度和压力下,某反应系统总是 $\Delta G < 0$,系统中的反应物是否能全部变成产物?

6-24 讨论在下列不同条件下,水煤气反应

$$CO(g) + H_2O(g) \Longrightarrow CO_2(g) + H_2(g)$$

中水蒸气的转化率是否相同?

(1) 反应物为 1mol $H_2O(g)$ 和 1mol $CO(g)$,温度为 830℃,$p_{总} = 101325Pa$。在该温度下 $K^\ominus = 1$;

(2) 除多加 2mol $N_2(g)$ 外,其他条件与(1)同;

(3) 除总压变为 10132.5Pa 外,其他条件与(1)同;

(4) 反应物为 2mol $H_2O(g)$ 和 1mol $CO(g)$,反应温度及压力与(1)同;

（5）进行反应的混合物为 1mol $H_2O(g)$，1mol $CO(g)$ 和 1mol $CO_2(g)$，反应温度及压力与（1）同。

6-25 气相反应

$$A(g) \longrightarrow B(g) + 2C(g)$$

气体 A 的离解度 α 和平衡常数 $K^\ominus$ 都可以用来描述反应进行的程度，所以 $K^\ominus$ 不变，α 就不变；$K^\ominus$ 变化了，α 必变化。这样说有道理吗？

6-26 将 $N_2(g)$ 与 $H_2(g)$ 以 1∶3 的摩尔比相混合，使之反应生成 $NH_3(g)$。在原料的转化率很小的情况下，试证明氨气的含量 $x(NH_3)$ 与反应压力成正比。

6-27 某温度下，一定量的 PCl_5 气体在 101325Pa 下部分分解为 PCl_3 和 Cl_2，达平衡时气体体积为 $1dm^3$，PCl_5 之离解度为 50%。若保持压力为 101325Pa 时通入 Cl_2，使体积增至 $2dm^3$。试说明在这种情况下为什么 PCl_5 的离解度减小？

6-28 若反应 1 和反应 2 呈同时平衡，则

（1）$K_1^\ominus = K_2^\ominus$；

（2）$\Delta_r G_{m,1}^\ominus = \Delta_r G_{m,2}^\ominus$；

（3）$\Delta_r G_{m,1} = \Delta_r G_{m,2}$；

（4）$\Delta_r G_{m,1} = 0$，$\Delta_r G_{m,2} = 0$。

以上结论哪些正确？哪个是同时平衡的条件？

6-29 假设温度为 T 时理想气体反应 $0 = \sum_B \nu_B B$ 的 $\Delta_r H_m^\ominus > 0$，熵变 $\Delta_r S_m^\ominus < 0$，且二者均不随 T 而变化。则温度对该反应平衡的影响为

$$\frac{d\ln K^\ominus}{dT} = \frac{\Delta_r H_m^\ominus}{RT^2} > 0$$

所以温度升高，$K^\ominus$ 值增大，$\Delta_r G_m^\ominus = -RT\ln K^\ominus$ 变得越负。即升高温度有利于化学反应。

可是对于等温反应：

$$\Delta_r G_m^\ominus = \Delta_r H_m^\ominus - T\Delta_r S_m^\ominus$$

由于 $\Delta_r H_m^\ominus > 0$、$\Delta_r S_m^\ominus < 0$，且与温度无关，所以温度升高，$-T\Delta_r S_m^\ominus$ 增大，$\Delta_r G_m^\ominus$ 变得越正。即升高温度不利于化学反应。你认为以上两个结论为什么截然不同？

6-30 在什么条件下，同一反应的各种反应物具有相等的转化率？

6-31 298K 时理想气体反应 A＋B→2C 的 $\Delta_r G_m^\ominus$ 是指反应

$$A(纯态,298K,p^\ominus) + B(纯态,298K,p^\ominus)$$
$$\longrightarrow 2C(纯态,298K,p^\ominus)$$

的 Gibbs 函数变。既然上述反应中每个物质均处于 298K 及 $p^\ominus$ 的纯态，即各自单独存在，那么如何能发生这一反应呢？

6-32 在公式 $\Delta_r G_m^\ominus = -RT\ln J^{eq}$ 中，两端所对应的状态各是什么？

6-33 反应 1 和反应 2 分别为

$$A(g,300K,100Pa) + B(g,300K,100Pa)$$
$$\longrightarrow C(g,300K,100Pa) \tag{1}$$

和

$$A(g,300K,200Pa) + B(g,300K,300Pa)$$
$$\longrightarrow C(g,300K,400Pa) \tag{2}$$

其中压力均为分压。上述二理想气体反应的 $\Delta_r G_{m,1}$ 与 $\Delta_r G_{m,2}$、$\Delta_r G_{m,1}^\ominus$ 与 $\Delta_r G_{m,2}^\ominus$ 和 $K_1^\ominus$ 与 $K_2^\ominus$ 分别相等吗？若不相等，差值多大？

6-34 在 1000℃ 时 $CaCO_3(s)$ 的分解压为 $3.871p^\ominus$。若将 100g $CaCO_3(s)$ 放入一个巨大的 $CO_2(g)$ 容器中（其中 CO_2 压力为 $2.000p^\ominus$，温度为 1000℃），达平衡后 $CaCO_3(s)$ 的转化率为多大？

6-35 反应 A(g)＋B(g)＝C(g) 在 25℃ 及标准压力 $p^\ominus$ 下 $\prod_B (p_B^{eq}/p^\ominus)^{\nu_B} = a$，且 25℃ 及 $100p^\ominus$ 时 $\prod_B \gamma_B^{\nu_B} = 120$。

(1) 当反应压力由 $p^\ominus$ 提高到 $100p^\ominus$（温度不变）时，此反应的

$\prod_B (p_B^{eq}/p^{\ominus})^{\nu_B}$ 和 $K^{\ominus}$ 各为多少? 平衡混合物中 C(g) 的含量将如何变化?

(2) 若 (1) 中的 $\prod_B \gamma_B^{\nu_B} = 1.2$ (其他条件同上), 则 $\prod_B (f_B^{eq}/p^{\ominus})^{\nu_B}$ 为多少? 平衡时 C(g) 的含量将如何变化?

6-36 理想气体反应 $N_2(g) + 3H_2(g) \Longrightarrow 2NH_3(g)$, 在一定温度及标准压力 $p^{\ominus}$ 下, 平衡系统中各物质的量分别为 $n(N_2) = 4\text{mol}, n(H_2) = 1\text{mol}, n(NH_3) = 1\text{mol}$。

(1) 若保持系统的温度和压力不变, 往其中加入 0.1mol N_2, 则平衡如何移动?

(2) 若保持温度和压力不变, 往原系统中加入 0.1mol H_2, 则平衡如何移动?

第7章 电 化 学

7.1 重要概念、方法及注意事项

1. 关于物质的量的基本单元

物质 B 的物质的量 n_B 正比于 B 的特定单元的数目 N_B，即 $n_B = (1/L)N_B$，其中 L 为阿伏加德罗（Avogadro）常数。这种特定单元叫做基本单元，它可以是分子、原子、离子、原子团、电子、光子及其他粒子或这些粒子的任意特定组合。在讨论电解质溶液导电性质时，为了讨论问题方便，使公式表示形式简单，人们常以一个元电荷为基础指定物质的基本单元，这样，相同物质的量的不同物质便具有相同的电关系。例如，1mol 的 Na^+，Cl^-，$\frac{1}{2}Ca^{2+}$，$\frac{1}{3}PO_4^{3-}$ 等，它们都带有约 96500C 的电量。若某强电解质依下式电离

$$M_{\nu_+}A_{\nu_-} \longrightarrow \nu_+ M^{z+} + \nu_- A^{z-}$$

则电解质及离子的基本单元分别指定为 $\frac{1}{\nu_+ z_+}M_{\nu_+}A_{\nu_-}$、$\frac{1}{z_+}M^{z+}$ 和 $\frac{1}{|z_-|}A^{z-}$，因此三者的浓度关系为 $c = c_+ = c_-$。

2. 电解质溶液的导电能力

一个电解质的导电能力，可用它的溶液的电导、电导率或摩尔电导率来描述。尤其是摩尔电导率 Λ_m，在基础物理化学中用得最多。Λ_m 相当于将 1mol 电解质置于两个相距 1m 的平行电极之间时所具有的电导。一个电解质溶液的导电能力决定于两个方面：①溶液中所含离子的数目（严格说应是电荷数目），即离子越多，溶液的导电能力越强；②离子的电迁移率，即电迁移率越大，溶液的

导电能力越强。

Λ_m 与电解质本身的性质有关,也与溶液浓度有关。但在无限稀释的条件下,任意电解质都完全电离,且离子间不存在相互干扰,此时 Λ_m^∞ 表示一个电解质的最大导电能力。Λ_m^∞ 是电解质的性质,即在一定温度下只取决于电解质自身。298K 时各种电解质的 Λ_m^∞ 值可由手册查得。强电解质的 Λ_m^∞,可利用实验数据,通过 $\Lambda_m - \sqrt{c}$ 曲线外推($c \to 0$)得到。对于弱电解质,由于在低浓度范围内 $\Lambda_m - \sqrt{c}$ 曲线十分陡峭,所以 Λ_m^∞ 值不可用外推法求得,而应用离子独立迁移定律解决。

3. 单个离子的导电行为

在电解质溶液中,单个离子所承担的导电分数用其迁移数表示。离子的电迁移率 u_B 代表单位场强时离子 B 的迁移速度,是讨论单个离子导电行为时的基本物理量。离子间的静电作用越强,u_B 值越小,即 u_B 随溶液浓度增大而减小,所以 u_B 不是离子自身的性质。但在 $c \to 0$ 的极限条件下,u_B^∞ 只取决于离子本身。298K 时各离子的 u_B^∞ 可由手册查得。在弱电解质或难溶强电解质的溶液中,由于离子间静电干扰很小,通常可近似认为 $u_B = u_B^\infty$。这正是用电导法处理弱电解质溶液和难溶强电解质溶液时的出发点。

离子的摩尔电率 λ_B 代表 1mol 离子 B 在两个相距 1m 的平行电极之间对电导做出的贡献,所以 λ_B 只取决于 u_B。离子间静电作用越强,u_B 值越小,λ_B 就越小。可见 λ_B 随溶液浓度增大而减小,即 λ_B 不是离子自身的性质。当 $c \to 0$ 时,λ_B 具有最大值 λ_B^∞,λ_B^∞ 只取决于离子 B 本身。298K 各种离子的 λ_B^∞ 可由手册查得。

4. 离子的平均活度系数

在对质量摩尔浓度为 b 的强电解质溶液进行热力学处理时,用实验只能测定离子平均活度系数 $\gamma_\pm$,而无法测定活度系数 γ,γ_+ 和 γ_-。为此,人们总是以 $\gamma_\pm$ 代替单个离子活度系数 γ_+ 或 γ_-,

利用关系 $a=a_{\pm}^{\nu}$ 计算 γ。在稀溶液范围内，$\gamma_{\pm}$ 反映离子间静电作用的大小：$\gamma_{\pm}$ 越远离 1，静电作用越大。在强电解溶液中，只存在正离子和负离子，a 和 γ 实际是把两种离子视作一个整体，因此也称作整体活度和整体活度系数。在弱电解质溶液中，不电离的电解质与离子共存，a 和 γ 要按非电解质对待。

5. 电化学势判据

在 α 相与 β 相之间，任意离子 B 总是由电化学势较高的相流向电化学势较低的相。相平衡的条件是 $\tilde{\mu}_B(\alpha)=\tilde{\mu}_B(\beta)$。对于电化学系统中的任意化学反应 $0=\sum_B\nu_B B$，反应总是朝着 $\sum_B\nu_B\tilde{\mu}_B<0$ 的方向，化学平衡的条件是 $\sum_B\nu_B\tilde{\mu}_B=0$。

6. 电极电势

电极电势是人们采取相对比较的办法得出的。设任意电极 x，其电极电势为 φ，则人为规定 φ 等于电池

$$标准氢电极 \parallel 电极 x$$

的电动势。φ 并不等于电极 x 中金属与溶液的相间电位差。电极电势实际是电极上还原反应难易程度的一种表征，其值越大，说明该还原反应越容易进行。

7. 液接电势

液接电势是指两种不同溶液界面处的电位差，它是由于正离子和负离子的扩散速度不同而产生的。在有液接电势的电池中，电池的实际电动势等于 Nernst 公式的计算值与液接电势的叠加。

8. 电池与反应的互译

在处理电化学平衡问题时，有两个问题十分重要。其一是若电池已知，必须正确地写出电池反应（即电池可逆放电时电池内的净变化）；其二是若反应已知，必须正确地设计出电池。这在电化学中称为电池与反应的互译，是同一个问题的两个方面，也是正确处理电化学平衡问题的两个基本要素。

(1) 根据电池写出反应：①因为两个电极上的变化都是完全可逆的,所以写电极反应时,实际上是在阳极和阴极上分别找出氧化和还原两个电化学平衡。电极反应方程式中的物质不可无中生有,即方程式中不能出现任何电极上不存在的物质;②根据Faraday定律,阳极反应、阴极反应和电池反应必须电荷数相同。若指定了电池所放电量,应照要求写电极反应和电池反应;③方程式两侧物质的对消或合并必须保证不改变化学反应本身,即对消或合并前后两个反应应该完全等价。

(2) 根据反应设计电池：设计可逆电池是以了解三类可逆电极为基础的。在具体设计电池时,首先从给定的反应中找到氧化反应和还原反应,确定阳极和阴极,最后将两个电极组合在一起便构成电池。若是双液电池,两种溶液间须用盐桥连接。设计出电池后,一般应进行复核,即写出电池反应,若电池反应恰是给定的反应,则设计的电池是正确的。从热力学角度看,一个电池只是反应进行的一种途径,因此有时由一个反应可设计出多个电池,但这些电池的电动势未必相等。

9. 电动势法解决问题的一般步骤

利用电动势数据解决实际问题的方法称为电动势法。电动势法的一般程序为：首先设计电池;然后制做电池,测量或查找电池的电动势;最后根据电动势值计算欲求的物理量。

10. 电极的极化

当有电流通过电极时,电极电势便偏离平衡值,这种现象称作电极的极化。当有电流通过电极时,电极上必然发生一系列以一定速率进行的过程,这些过程都或多或少地存在着阻力,要克服这些阻力,相应地需要一定的推动力,表现在电极电势上就出现这种偏离,这就是电极发生极化的原因。不论电池还是电解池,实际的阳极极化以后会使电势升高,实际的阴极极化以后会使电势降低。因此,不论阳极或阴极,极化都是为了克服过程的阻力电极所付出的代价,其结果是电极过程更难于进行,即极化程度越大(超电势越大),阳极上的氧化反应越难于进行,阴极上的还原反应越难于进行。

11. 电解池中电极反应的确定

电解液中通常含有许多种离子,各种离子的析出电势一般并不相同。在阳极上析出电势越低、阴极上析出电势越高,则需要的外加电压越小。因此当电解池的外加电压逐渐增大时,在阳极上总是析出电势较低的物质先从电极上析出;而在阴极上则是析出电势较高的物质先析出来。在此处需要强调:物质的析出电势是指对应电极的实际电极电势,而不是可逆电极电势,更不是标准电极电势。

7.2 主 要 公 式

1.
$$Q = nF$$

此式是 Faraday 电解定律的表示式。其中 Q 是通过电解池的电量;n 是在电极上发生反应的物质的量,其基本单元是以 1 个元电荷为基础而指定的;F 称 Faraday 常数,$F \approx 96500 \text{C} \cdot \text{mol}^{-1}$,它代表 1mol e 所具有的电量。此式表明,在串联的所有电极上,发生反应的物质的量都相同。该定律也适用于电池。

2.
$$u_B = \frac{v_B}{E}$$

式中 u_B 为离子 B 的电迁移率,v_B 为离子 B 的电迁移速度,E 为电场强度。此式称为电迁移率的定义式,u_B 的单位是 $\text{m}^2 \cdot \text{s}^{-1} \cdot \text{V}^{-1}$。定义表明,离子的电迁移率等于在单位场强情况下离子的迁移速度。u_B 与溶液的温度、压力、浓度、离子 B 及其他与之共存的离子的本性有关。通常人们用 u_B 描述离子迁移的快慢。

3.
$$t_B = \frac{Q_B}{Q}$$

式中 t_B 是离子 B 的迁移数，Q 是通过溶液的总电量，Q_B 是离子 B 所导的电量。此式表明，某种离子的迁移数就是该离子所承担的导电分数。因此，溶液中所有离子的迁移数具有归一化特点，即

$$\sum_B t_B = 1$$

在由一种电解质构成的溶液（称单电解质溶液）中，正离子和负离子的迁移数取决于它们电迁移率的相对大小，即

$$\frac{t_+}{t_-} = \frac{u_+}{u_-}$$

在多电解质溶液中，任意两种离子 i 和 j 的迁移数，不仅取决于它们的电迁移率，而且与它们的浓度有关，

$$\frac{t_i}{t_j} = \frac{u_i c_i}{u_j c_j}$$

其中 c_i 和 c_j 分别代表 i 和 j 的浓度，它们的基本单元应以一个元电荷为基础来指定。

4. $n(\text{电解质}\downarrow) = n(\text{离子迁出})$

或 $n(\text{电解质}\uparrow) = n(\text{离子迁入})$

此二式适用于任意电极区。其中 $n(\text{电解质}\downarrow)$ 和 $n(\text{电解质}\uparrow)$ 分别代表通电过程中一个电极区内电解质增加或减少的物质的量，而 $n(\text{离子迁出})$ 和 $n(\text{离子迁入})$ 分别代表迁出和迁入该电极区的离子的物质的量。此二式将通电过程中在电极附近电解质数量的变化与离子迁移的数量联系起来，为离子迁移数的计算提供了依据。在应用以上二式时，均要以一个元电荷为基础来指定电解质和离子的基本单元。

5. $$G = \frac{1}{R} = \kappa \frac{A}{l}$$

式中 G 是电解质溶液的电导，R 是电阻，l 和 A 分别为两电极间的溶液柱体的长度和横截面积，κ 为溶液的电导率，它等于长 1m 截面 1m^2 的溶液柱所具有的电导。κ 与电解质溶液的浓度有关：对

强电解质溶液,在低浓度范围内 κ 随浓度增大而增大,当浓度足够大时 κ 随浓度增大而减小;弱电解质溶液的 κ 受浓度的影响很小。

6.
$$\Lambda_m = \frac{\kappa}{c}$$

式中 Λ_m 为电解质的摩尔电导率,单位是 $S \cdot m^2 \cdot mol^{-1}$;$c$ 是电解质溶液的浓度;κ 是电解质溶液的电导率。此式称摩尔电导率的定义式。Λ_m 相当于将含有 1mol 电解质的溶液置于两个相距 1m 的平行板电极之间时的溶液的电导。Λ_m 与电解质溶液的浓度有关:当浓度增大时,Λ_m 值减小。

7.
$$\Lambda_m = \alpha(u_+ + u_-)F$$

式中 α 为电解质的电离度,Λ_m 为电解质的摩尔电导率,u_+ 和 u_- 分别为正离子和负离子的电迁移率,F 为 Faraday 常数。此式适用于任意电解质溶液,对强电解质,$\alpha = 1$。此式要求,以一个元电荷为基础来指定电解质的基本单元。

8.
$$\Lambda_m = \alpha\lambda_+ + \alpha\lambda_-$$

式中 Λ_m 为电解质的摩尔电导率,α 为电解质的电离度,λ_+ 和 λ_- 分别为正离子和负离子的摩尔电导率。此式适用于任意电解质溶液。对强电解质,$\alpha = 1$,即 $\Lambda_m = \lambda_+ + \lambda_-$。应用此式时,均要以一个元电荷为基础来指定电解质和离子的基本单元。

9.
$$\lambda_B = \frac{\kappa_B}{c_B}$$

此式称为离子摩尔电导率的定义式。其中 λ_B 为离子 B 的摩尔电导率,κ_B 代表离子 B 对溶液电导率所做的贡献,c_B 为溶液中离子 B 的浓度。

10.
$$\kappa_B = u_B c_B F$$

式中 κ_B 代表离子 B 对溶液电导率的贡献,u_B 为离子 B 的电迁移率,c_B 为溶液中离子 B 的浓度。此式表明,某离子对溶液电导率

的贡献分别正比于该离子的电迁移率和浓度。把此式与离子摩尔
电导率的定义式相结合,可得:

$$\lambda_B = u_B F$$

即离子的摩尔电导率只取决于它的电迁移率。在应用以上两公式
时,应以一个元电荷为基础来指定离子的基本单元。

11.
$$\Lambda_m^\infty = \lambda_+^\infty + \lambda_-^\infty$$

式中 Λ_m^∞ 为电解质的极限摩尔电导率,λ_+^∞ 和 λ_-^∞ 分别是正离子和负
离子的极限摩尔电导率。以上三量分别是电解质、正离子和负离
子本身的性质,298K 时它们的值可由手册中查找。此式适用于
任意电解质溶液,称为离子独立迁移定律。它表明,在无限稀释条
件下,离子间没有相互干扰,因而离子的迁移是独立的。在应用上
式时,均以一个元电荷为基础来指定电解质和离子的基本单元。

12.
$$t_B = \frac{\lambda_B}{\Lambda_m}$$

式中 t_B 为离子 B 的迁移数,λ_B 为离子 B 的摩尔电导率,Λ_m 为电解
质的摩尔电导率。此式适用于强电解质的单电解质溶液。对于弱
电解质,应为

$$t_B = \frac{\alpha \lambda_B}{\Lambda_m}$$

其中 α 为电离度。以上两式提供了一种测量某种离子摩尔电导率
的方法,即通过测定迁移数和 Λ_m 来计算离子的 λ_B。应用这些公
式时,均应以一个元电荷为基础来指定电解质和离子的基本单元。

13.
$$\alpha = \Lambda_m / \Lambda_m^\infty$$

式中 α 是弱电解质的电离度,Λ_m 和 Λ_m^∞ 分别为弱电解质溶液的实
际摩尔电导率和极限摩尔电导率。此式是用电导法测定弱电解质
电离常数的依据。它表明,可通过测定弱电解质溶液的摩尔电导
率 Λ_m 计算电离度,从而求取电离常数。此式不能用于一般浓度
的强电解质溶液。

14.
$$c = \frac{\kappa(\text{sln}) - \kappa(\text{H}_2\text{O})}{\Lambda_\text{m}^\infty}$$

此式适用于难溶强电解质溶液,其中 c 是溶液的浓度,$\kappa(\text{sln})$ 和 $\kappa(\text{H}_2\text{O})$ 分别为溶液和纯水的电导率,Λ_m^∞ 为电解质的极限摩尔电导率。利用此式,通过测定 $\kappa(\text{sln})$ 和 $\kappa(\text{H}_2\text{O})$ 可计算溶液浓度,从而求得难溶强电解质的溶度积,故此式为用电导法测定难溶强电解质的溶度积提供了依据。

15.
$$a = \gamma b / b^\ominus$$
$$a_+ = \gamma_+ \, b_+ \, / b^\ominus$$
$$a_- = \gamma_- \, b_- \, / b^\ominus$$
$$a_\pm = \gamma_\pm \, b_\pm \, / b^\ominus$$

以上四式即为活度的物理意义。其中 a, a_+, a_- 和 $a_\pm$ 分别为电解质活度、正离子活度、负离子活度和平均活度;$\gamma, \gamma_+, \gamma_-$ 和 $\gamma_\pm$ 分别为电解质、正离子、负离子和平均活度系数。其中 $\gamma_\pm$ 可直接测定,人们通常用 $\gamma_\pm$ 近似代替单个离子活度系数 γ_+ 和 γ_-,γ 值可由 $\gamma_\pm$ 计算;b, b_+, b_- 和 $b_\pm$ 分别为相应的浓度,$b^\ominus = 1\text{mol} \cdot \text{kg}^{-1}$ 为标准质量摩尔浓度。上述各式表明,任何一种活度都代表了自身的校正浓度。

16.
$$b_\pm = (b_+^{\nu_+} \, b_-^{\nu_-})^{1/\nu}$$
$$\gamma_\pm = (\gamma_+^{\nu_+} \, \gamma_-^{\nu_-})^{1/\nu}$$
$$a_\pm = (a_+^{\nu_+} \, a_-^{\nu_-})^{1/\nu}$$

此三式分别是任意电解质 $\text{M}_{\nu_+}\text{A}_{\nu_-}$ 溶液中离子的平均浓度、平均活度系数和平均活度的定义式。其中 $\nu = \nu_+ + \nu_-$,所以三式皆为几何平均式。

17.
$$a = a_+^{\nu_+} \, a_-^{\nu_-} = a_\pm^\nu$$

此式适用于任意强电解质 $\text{M}_{\nu_+}\text{A}_{\nu_-}$ 的溶液。此式描述强电解质溶液中各种活度之间的关系。

18.
$$I = \frac{1}{2} \sum_{B} b_B z_B^2$$

式中 I 是溶液的离子强度，b_B 是溶液中离子 B 的实际质量摩尔浓度，z_B 是离子 B 的价数。I 是溶液的性质，单位为 mol·kg^{-1}，它是溶液中离子电荷所形成静电场强度的量度。

19.
$$\ln\gamma_\pm = -A|z_+ z_-|\sqrt{I}$$

此式称为 Debye-Hückel 极限公式。其中 I 代表溶液的离子强度，z_+ 和 z_- 分别为正离子和负离子的价数，$\gamma_\pm$ 是离子的平均活度系数，A 与温度和溶剂的性质有关。对于 298.15K 时的水溶液，$A=1.171$kg$^{1/2}$·mol$^{-1/2}$，此式只适用于很稀的水溶液。

20.
$$\Delta_f G_m^\ominus(H^+, aq) = 0$$
$$\Delta_f H_m^\ominus(H^+, aq) = 0$$
$$S_m^\ominus(H^+, aq) = 0$$
$$C_{p,m}^\ominus(H^+, aq) = 0$$

此四式代表了关于水溶液中标准状态氢离子的热力学性质的几项规定。H$^+$ 的标准状态是指 $p^\ominus$ 下 $b(H^+)=1$mol·kg^{-1} 且 $\gamma(H^+)=1$ 的假想状态。这些规定适用于任何温度，其中 $S_m^\ominus$ 和 $C_{p,m}^\ominus$ 实际上是偏摩尔量。

21.
$$\tilde{\mu}_B = \left(\frac{\partial G}{\partial n_B}\right)_{T,p,n_C\cdots}$$

此式是离子电化学势的定义式，其中 $\tilde{\mu}_B$ 是离子 B 的电化学势，G 是溶液的 Gibbs 函数，n_B 是溶液中离子 B 的物质的量。定义表明，$\tilde{\mu}_B$ 就是在温度、压力和除 B 以外的其他物种的物质的量均不变的情况下，向巨大溶液中单独加入 1mol 离子 B 时溶液 G 的变化。

22.
$$\tilde{\mu}_B = \mu_B + z_B F\Phi$$

式中 $\tilde{\mu}_B$ 和 μ_B 分别为离子的电化学势和化学势，z_B 是离子价数，F 是 Faraday 常数，Φ 是溶液的电位。由此式可知，对非带电粒子，$\tilde{\mu}_B = \mu_B$。

23.
$$\Delta_r G_m = -zFE$$

式中 $\Delta_r G_m$ 为化学反应(电池反应)的 Gibbs 函数变；z 是电池反应的电荷数,其值为正；E 是电池的电动势。此式适用于等温等压的可逆过程,所以 E 为可逆电池的电动势。此式表明,在可逆电池中,化学反应的化学能($-\Delta_r G_m$)全部转变成了电能(zFE)。该式把化学反应的性质与电池的性质联系起来,是电化学的基本公式之一。若参与电池反应的所有物质均处于各自的标准状态,则上式为

$$\Delta_r G_m^\ominus = -zFE^\ominus$$

其中 $E^\ominus$ 称为电池的标准电动势,对于指定的电池,$E^\ominus$ 只是温度的函数。

24.
$$E = E^\ominus - \frac{RT}{zF}\ln J$$

此式称为 Nernst 公式,其中 J 代表电池反应中各物质的活度积,即 $J = \prod_B a_B^{\nu_B}$。所以,在利用此式计算电池电动势时,首先要正确地写出电池反应。公式表明,电池的电动势取决于参与电池反应的各物质的状态。它对改变电池电动势具有指导意义。

25.
$$\varphi = \varphi^\ominus - \frac{RT}{zF}\ln J$$

此式称为电极电势的 Nernst 公式,其中 φ 为电极电势；$\varphi^\ominus$ 是该电极的标准电极电势,$\varphi^\ominus$ 只是温度的函数；J 是电极上还原反应中各物质的活度积,z 是还原反应的电荷数。此式表明,一个电极的电势取决于参与电极还原反应的各物质的状态。因此在利用上式计算电极电势时,首先要正确地写出电极上的还原反应。

26.
$$\Delta_r G_m = -zF\varphi$$

式中 φ 为电极电势,$\Delta_r G_m$ 为电极上还原反应的 Gibbs 函数变。当参与电极还原反应的各物质均处在标准状态时,上式为

$$\Delta_r G_m^\ominus = -zF\varphi^\ominus$$

27.
$$E = \varphi_{阴} - \varphi_{阳}$$
$$E^{\ominus} = \varphi_{阴}^{\ominus} - \varphi_{阳}^{\ominus}$$

式中 E 和 $E^{\ominus}$ 分别为可逆电池的电动势和标准电动势，$\varphi_{阴}(\varphi_{阴}^{\ominus})$ 和 $\varphi_{阳}(\varphi_{阳}^{\ominus})$ 分别为阴极和阳极的电极电势（标准电极电势）。$\varphi^{\ominus}$ 值可从手册中查找。

28.
$$E_1 = (t_+ - t_-)\frac{RT}{F}\ln\frac{(b\gamma_{\pm})_{阳}}{(b\gamma_{\pm})_{阴}}$$

式中 E_1 为液接电势，$(b\gamma_{\pm})_{阳}$ 和 $(b\gamma_{\pm})_{阴}$ 分别为阳极区溶液和阴极区溶液的质量摩尔浓度与平均活度系数的乘积。式中 t_+ 和 t_- 代表在液-液界面处离子的迁移数，一般认为是两溶液中迁移数的平均值，即

$$t_+ = \frac{1}{2}(t_{+,阳} + t_{+,阴})$$

$$t_- = \frac{1}{2}(t_{-,阳} + t_{-,阴})$$

此式只适用于 1-1 价型的同种电解质不同浓度的溶液。对于非 1-1 价型的同种电解质不同溶液间的液接电势，公式为

$$E_1 = \left(\frac{t_+}{z_+} - \frac{t_-}{|z_-|}\right)\frac{RT}{F}\ln\frac{(b\gamma_{\pm})_{阳}}{(b\gamma_{\pm})_{阴}}$$

其中 z_+ 和 z_- 分别为正离子和负离子的价数。

29.
$$K^{\ominus} = \exp\frac{zFE^{\ominus}}{RT}$$

式中 $K^{\ominus}$ 是电池反应的标准平衡常数，z 是电池反应的电荷数，$E^{\ominus}$ 是电池的标准电动势。

30.
$$\Delta_r S_m = zF\left(\frac{\partial E}{\partial T}\right)_p$$

式中 $\Delta_r S_m$ 是电池反应的熵变，$(\partial E/\partial T)_p$ 是电池电动势的温度系数。

31.
$$\Delta_r H_m = -zFE + zFT\left(\frac{\partial E}{\partial T}\right)_p$$

式中 $\Delta_r H_m$ 为电池反应的焓变，E 和 $(\partial E/\partial T)_p$ 分别为电池的电动势和电动势的温度系数。

32.
$$Q = zFT\left(\frac{\partial E}{\partial T}\right)_p$$

式中 Q 是电池反应(可逆电池)的热效应，$(\partial E/\partial T)_p$ 是电池电动势的温度系数。

33.
$$E_m = \frac{RT}{z_B F}\ln\frac{a_{B,左}}{a_{B,右}}$$

此式是计算膜电势的公式。式中 E_m 是离子 B 半透膜的膜电势，z_B 是离子 B 的价数，$a_{B,左}$ 和 $a_{B,右}$ 分别为膜左右两侧溶液中离子 B 的活度。此式表明，膜电势取决于可透性离子在膜两侧溶液中的活度差异，活度差异越大，$|E_m|$ 越大。

34.
$$\eta = |\varphi_{ir} - \varphi_r|$$

式中 η 为电极的超电势，φ_{ir} 是电极的实际电势(不可逆电极电势)，φ_r 为可逆电极电势。对阴极和阳极，超电势分别为

$$\eta_{阴} = \varphi_{r,阴} - \varphi_{ir,阴}$$

$$\eta_{阳} = \varphi_{ir,阳} - \varphi_{r,阳}$$

上述公式是关于电极极化的公式，它们与电极实际在电池中工作还是在电解池中工作无关。对于一个指定的电极，η 随电流密度的增大而增大。

7.3 思 考 题

7-1 某电解池，以 Pt 为电极电解 $CuCl_2$ 溶液。通电后，有 $5\,mol\,\frac{1}{2}Cu^{2+}$ 迁至阴极区(阴极上有 Cu 析出)；同时有 $6\,mol\,Cl^-$ 迁至阳极区(阳极上有 Cl_2 冒出)。问阴极上析出的 $\frac{1}{2}Cu$ 和阳极

上冒出的 $\frac{1}{2}Cl_2$ 的物质的量各为多少? 为什么? 离子的迁移数各是多少?

7-2 下列结论有无错误? 为什么?

(1) 对无限稀薄的电解质溶液,$c \to 0$,所以溶液近似于纯溶剂,即 Λ_m^∞ 就是纯溶剂的摩尔电导率。

(2) 对电离度公式 $\alpha = \Lambda_m / \Lambda_m^\infty$

① 强电解质 $\alpha = 1$,所以 $\Lambda_m = \Lambda_m^\infty$;

② 此式适用于强电解质的极稀溶液。

(3) 在无限稀薄溶液中,离子间无静电作用,即离子的迁移是独立的,此时溶液的摩尔电导率为 Λ_m^∞。

① 在弱电解质溶液中,离子很少,相互距离很远,故可以近似认为离子间无相互作用,则此溶液的 $\Lambda_m = \Lambda_m^\infty$;

② 在难溶盐的溶液中,因盐的溶解度很小,溶液中的离子很少,离子间距离很远,故可近似认为离子间无相互作用,则此溶液的 $\Lambda_m = \Lambda_m^\infty$。

(4) 某稀 HAc 溶液浓度为 b,测得其电离度为 α,离子平均活度系数为 $\gamma_\pm$,则电离常数

$$K^\ominus = \frac{a(H^+)a(Ac^-)}{a(HAc)} = \frac{(b\alpha\gamma_\pm/b^\ominus)(b\alpha\gamma_\pm/b^\ominus)}{b(1-\alpha)\gamma_\pm/b^\ominus}$$

$$= \frac{b\alpha^2\gamma_\pm}{(1-\alpha)b^\ominus}$$

(5) 因为 $a = a_\pm^\nu$,且 $a = \gamma b/b^\ominus$,$a_\pm = \gamma_\pm b_\pm/b^\ominus$

所以 $b = b_\pm^\nu$, $\gamma = \gamma_\pm^\nu$

7-3 $\Lambda_m^\infty(CaCl_2) = \lambda^\infty(Ca^{2+}) + 2\lambda^\infty(Cl^-)$,此表示式对吗?

7-4 有人说电导率就是体积为 $1m^3$ 的电解质溶液的电导。你认为这个定义严格吗?

7-5 在 Hittorf 迁移管内放置 $0.1mol \cdot kg^{-1}$ 的强电解质

MSO_4（M 为一种相对原子质量 44 的二价金属）溶液，若以 M 为电极，通过适当的电流电解后，阳极区溶液中 MSO_4 所增加的质量二倍于阳极金属所减少的质量。

(1) 试写出阳极上的反应式；

(2) M^{2+} 和 SO_4^{2-} 的迁移数为若干？

(3) 若通电量为 96500 库仑，则什么离子从阳极区迁出，什么离子迁入阳极区？迁出和迁入的离子各为多少摩尔？

7-6 某溶液中含 KCl $0.2mol \cdot kg^{-1}$ 和 $CaCl_2$ $0.2mol \cdot kg^{-1}$，试求：

(1) KCl 的平均浓度 $b_{\pm}(KCl)$；

(2) $CaCl_2$ 的平均浓度 $b_{\pm}(CaCl_2)$。

7-7 某溶液含 $CdCl_3$ $0.02mol \cdot kg^{-1}$ 和 HAc $0.1mol \cdot kg^{-1}$（电离度 $\alpha = 0.05$），试求此溶液的离子强度 I。

7-8 下列各等式是否成立？若成立，请说出其中 $c'(mol \cdot m^{-3})$ 是什么物质的浓度？

(1) 某弱电解质溶液的电导率为 κ，则 $\Lambda_m^{\infty} = \dfrac{\kappa}{c}$；

(2) 某难溶强电解质的电导率为 κ，则 $\Lambda_m^{\infty} \approx \dfrac{\kappa}{c}$；

(3) 某强电解质溶液的电导率为 κ，则 $\Lambda_m^{\infty} = \dfrac{\kappa}{c}$。

7-9 可逆电池中的化学反应都是在等温等压下进行的，因此 $\Delta G = 0$。这种说法为什么不对？

7-10 一个化学反应在电池中可逆地进行，热效应为 Q，Q 等于 ΔH 吗？为什么？此反应的 ΔS 等于 Q/T 还是等于 $\Delta H/T$？

7-11 对一个指定的电极，当它作为一个电池的阳极和它作为另一个电池的阴极时，它的电极电势相同吗？在一定的温度和压力下，一个电极的电极电势取决于什么？

7-12 根据 Nernst 公式

$$E = E^{\ominus} - \frac{RT}{zF} \ln \prod_B a_B^{\nu_B}$$

因为 a_B 值与物质 B 标准状态的选择有关，所以我们可以通过选取不同的标准状态来改变 a_B 值，设法使 $\prod_B a_B^{\nu_B}$ 值减小，从而使 E 值提高。这种想法有无可取之处？

7-13 化学能与电能的转换

$$\Delta_r G_m = - zFE$$

因为 $\Delta_r G_m$ 与化学反应方程式的写法有关，所以 E 也必与方程式的写法有关。这个推理是否正确？

7-14 有人说：摩尔电导率即是溶液中含有正离子和负离子均为一摩尔时的电导。这种说法对吗？

7-15 极限摩尔电导率 Λ_m^{∞} 是电解质的重要参量。测定强电解质和弱电解质的 Λ_m^{∞}，所用的方法一样吗？为什么？

7-16 电池 ① $Zn \mid ZnSO_4（aq）\mid CuSO_4（aq）\mid Cu$ 和 ②$Zn \mid H_2SO_4(aq) \mid Cu$ 在电流 $I \to 0$ 的情况下是可逆电池吗？

7-17 电极 $O_2 \mid H^+$ 和 $H^+ \mid H_2$ 的 $\varphi^{\ominus}$ 相同吗？能否由其中一个电极的 $\varphi^{\ominus}$ 求另外一个电极的 $\varphi^{\ominus}$？

7-18 一个可逆电池放电时能否发生两种完全不同的化学反应？

7-19 为了测定 $HgO(s)$ 的分解压，有人设计了下列三种电池：

(1) $Pt \mid O_2 \mid H_2SO_4（aq）\mid HgO \mid Hg$；

(2) $Pt \mid O_2 \mid NaOH(aq) \mid HgO \mid Hg$；

(3) $Pt \mid O_2 \mid H_2O \mid HgO \mid Hg$。

你认为哪个电池是正确的？为什么？

7-20 在为某可逆电池的阳极写电极电势表示式（即 Nernst 公式）之前，必须正确地写出该电极上的还原反应还是氧化反应？为什么？

7-21 一个可逆电动势为 1.07V 的电池在一巨大恒温槽(由于热容很大,温度不易变化)中恒温在 20℃,当将此电池短路时,有 1000C 的电量通过。假定此电池中发生的化学反应与可逆放电 1000C 时的化学反应相同,试问以此电池和恒温槽为系统的总熵增加是多少? 如果分别求算恒温槽和电池的熵变,尚需要哪些数据? 设室温为 20℃。

7-22 (1) 试证明:混合电解质溶液的电导率可表示为

$$\kappa = \sum_B c_B \lambda_B$$

其中 c_B 和 λ_B 是离子 B 的浓度($mol \cdot m^{-3}$)和摩尔电导率。

(2) 今有组成为 $0.1 mol \cdot dm^{-3}$ Na_2SO_4 和 $0.01 mol \cdot dm^{-3}$ H_2SO_4 的混合溶液。若 λ_B 近似取极限值,求溶液中各种离子的迁移数。

7-23 根据同一个化学反应是否可能设计出不同的电池? 若两个不同的可逆电池中发生的是同一个化学反应,试问

(1) 两个电池所做的电功是否一定相同?

(2) 两个电池的电动势是否一定相同?

(3) 两个电池放的电量是否一定相同?

7-24 有两个电池

$$Cu \mid Cu^+ (a = 1) \parallel Cu^+ (a = 1), \quad Cu^{2+} (a = 1) \mid Pt$$

$$Cu \mid Cu^{2+} (a = 1) \parallel Cu^+ (a = 1), \quad Cu^{2+} (a = 1) \mid Pt$$

它们的电池反应均为

$$Cu^{2+} + Cu \longrightarrow 2Cu^+$$

试问此二电池反应的 $\Delta_r G_m$ 和 $\Delta_r G_m^{\ominus}$ 分别有什么关系? 它们的 E,$E^{\ominus}$ 和放电量及电功分别有什么关系?

7-25 下列三种电极,其电极电势有无区别?

(1) $Cu \mid Pt \mid H_2 \mid H^+$;

(2) $Cu \mid Hg \mid Pt \mid H_2 \mid H^+$;

(3) $Cu|KCl(aq)|Pt|H_2|H^+$。

7-26 手册中的 $\varphi^\ominus$ 数据是否按下述方法测得：先分别制出各种标准电极，再让此电极与标准氢电极组成电池，最后分别精确测定电动势？如果不是用此方法测得，那么一个电极的 $\varphi^\ominus$ 又是如何测得的？请举例说明。

7-27 在强电解质溶液中，γ 和 $\gamma_\pm$ 与 1 的偏离程度分别反映了溶液的什么情况？对于任意强电解质溶液，是否总存在

$$\lim_{b \to 0} \gamma_\pm = 1 \quad 和 \quad \lim_{b \to 0} \gamma = 1$$

其中 b 为溶液的质量摩尔浓度。

7-28 Debye-Hückel 极限公式用于计算很稀的强电解质溶液中的离子平均活度系数 $\gamma_\pm$。对于很稀的弱电解质溶液，其离子平均活度系数可否用 D-H 公式计算？

7-29 若某电极的电极电势 φ 恰等于该温度下它的标准电极电势 $\varphi^\ominus$，即 $\varphi = \varphi^\ominus$，则此电极必为标准电极，对吗？组成标准电极的所有物质是否都处在标准状态？

7-30 有人说标准氢电极就是指一个确定的电极，一旦把它制备出来，在任何温度下都将其电势规定为 0。此说法是否正确？

7-31 电池 $Pt|H_2(p^\ominus)|H^+(a=1) \parallel Cu^{2+}|Cu$ 的电动势为 E。根据规定，$\varphi(Cu^{2+}|Cu) = E$，所以可以通过实验直接测量上述电池的电动势而得到该铜电极的 $\varphi(Cu^{2+}|Cu)$，对吗？

7-32 我们知道，对于一个单电解质溶液，有

$$\frac{t_+}{t_-} = \frac{u_+}{u_-}$$

有人将此结论推广：对于混合电解质溶液，其中任意两种离子 i 和 j 必服从

$$\frac{t_i}{t_j} = \frac{u_i}{u_j}$$

这种推广是否合理？

7-33 在电解质 A_2B 的溶液中,若 $u(A^+)=u(B^{2-})$,表明两种离子迁移速度相等。但因 B^{2-} 离子所带电荷二倍于 A^+ 离子,所以 $t(B^{2-})=2t(A^+)$。你是否同意这种推论?

7-34 在一定温度下,任意反应的 $\Delta G^{\ominus}$,$\Delta H^{\ominus}$ 和 $\Delta S^{\ominus}$ 都满足关系式 $\Delta G^{\ominus}=\Delta H^{\ominus}-T\Delta S^{\ominus}$。若以 $\Delta_f G_m^{\ominus}$,$\Delta_f H_m^{\ominus}$ 和 $\Delta_f S_m^{\ominus}$ 分别代表任一种离子的生成 Gibbs 函数、生成焓和生成熵,则它们却不服从上式,即 $\Delta_f G_m^{\ominus}\neq\Delta_f H_m^{\ominus}-T\Delta_f S_m^{\ominus}$,你能说明理由吗?

7-35 (1) 写可逆电池反应时必须注意些什么问题?

(2) 写可逆电极上的电极反应时,反应式中能否出现该半电池中不存在的物质?为什么?

7-36 下面推理错在何处?

因为
$$a=a_{\pm}^{\nu}=a_+^{\nu_+}\cdot a_-^{\nu_-}$$

即
$$b\gamma/b^{\ominus}=(b_+\ \gamma_+\ /b^{\ominus})^{\nu_+}\cdot(b_-\ \gamma_-\ /b^{\ominus})^{\nu_-}$$
$$=b_+^{\nu_+}\cdot b_-^{\nu_-}\cdot(\gamma_{\pm}\ /b^{\ominus})^{\nu}$$

又因为当 $b\rightarrow 0$ 时
$$\gamma=1,\quad \gamma_+=\gamma_-=1,\quad \gamma_{\pm}=1,\quad \text{且 } b^{\ominus}=1\text{mol}\cdot\text{kg}^{-1}$$

所以在数值上,$\{\gamma/b^{\ominus}\}=\{(\gamma_{\pm}/b^{\ominus})^{\nu}\}$

因此
$$\{b\}=\{b_+^{\nu_+}\cdot b_-^{\nu_-}\}$$

7-37 在推导液接电势公式

$$E_l=(t_+-t_-)\frac{RT}{F}\ln\frac{(b\gamma_{\pm})_{阳}}{(b\gamma_{\pm})_{阴}}$$

时,将电池放电时在液界处发生变化的 Gibbs 函数变 ΔG 与液接电势 E_l 的关系写作 $\Delta G=-zFE_l$。此式要求可逆,而我们又说有液界的电池是不可逆电池,所以在液界处用此式是错误的。你对这种意见有何看法。

7-38 $\Lambda_m(H_2O)$、$\Lambda_m^{\infty}(H_2O)$、$\lambda^{\infty}(H^+)+\lambda^{\infty}(OH^-)$ 是否都有物理意义?如有,其意义是什么?水可视为弱电解质,也有电离度(当然很小),可否用下式来求:

$$\alpha = \frac{\Lambda_m(H_2O)}{\lambda^\infty(H^+) + \lambda^\infty(OH^-)}$$

7-39 公式

$$\Lambda_m(H_2O) = \frac{\kappa}{c} \quad \text{和} \quad \lambda^\infty(H^+) + \lambda^\infty(OH^-) = \frac{\kappa}{c}$$

中的 c 应是什么物质的浓度?

7-40 已知在指定温度下,$10\,mol \cdot kg^{-1}$ 的盐酸中 HCl 的蒸气分压 $p(HCl) = 560\,Pa$。电池

$$Pt \,|\, H_2(101325Pa) \,|\, HCl(10\,mol \cdot kg^{-1}) \,|\, Cl_2(101325Pa) \,|\, Pt$$

的电池反应

$$H_2 + Cl_2 \longrightarrow 2HCl(10\,mol \cdot kg^{-1})$$

的 Gibbs 函数变为 ΔG_1;由热力学知道反应

$$H_2 + Cl_2 \longrightarrow 2HCl(g, p = 560Pa)$$

的 Gibbs 函数变 ΔG_2 必与 ΔG_1 相等,即 $\Delta G_1 = \Delta G_2$。因此上述电池的 Nernst 公式可有下面两种形式:

$$E = E^\ominus - \frac{RT}{2F}\ln a^2(HCl)$$

$$E = E^\ominus - \frac{RT}{2F}\ln[p(HCl)/p^\ominus]^2$$

以上推理是否正确? 为什么?

7-41 对于含有不同浓度的同种电解质溶液接界的电池,只要我们写出放电时电池中的净变化(电极反应及溶液接界处的物质传输),便可依此净变化写出 Nernst 公式和公式 $\Delta G = -zFE = -zF(E_r + E_1)$。这些公式本来只适用于可逆电池,为什么也可适用于这类电池?

7-42 你认为下列推理是否合理:

电池 $\qquad\qquad Ag \,|\, Ag^+(b_1) \,\|\, Cl^-(b_2) \,|\, AgCl \,|\, Ag$

的电池反应为 $\qquad\qquad AgCl \longrightarrow Ag^+ + Cl^-$

所以
$$E = E^{\ominus} - \frac{RT}{F} \ln a(Ag^+) a(Cl^-)$$

又因为 AgCl 的溶度积 $K^{\ominus} = a(Ag^+) a(Cl^-)$

所以
$$E = E^{\ominus} - \frac{RT}{F} \ln K^{\ominus}$$

7-43 电解池中的阴极极化后电极电势值将如何变化？若是原电池又将如何？

7-44 当电池 $Zn | Zn^{2+}(a=1) \| Cu^{2+}(a=1) | Cu$ 以有限电流放电时，阴极电势 $\varphi(Cu^{2+} | Cu)$ 由于极化而降低。若把电池表示为 $Cu | Cu^{2+}(a=1) \| Zn^{2+}(a=1) | Zn$，则极化后铜电极的电极电势 $\varphi(Cu^{2+} | Cu)$ 将升高。这种说法正确与否？

7-45 在一定温度和外加电压下，在 Hittorf 管中用银电极电解 $AgNO_3$ 水溶液。通电一定时间后测得阳极区 $AgNO_3$ 的物质的量增加了 $n(AgNO_3 \uparrow) = a\,mol$，阳极上 Ag 减少的物质的量为 $n(Ag) = b\,mol$。

(1) 试写出溶液中 Ag^+ 和 NO_3^- 的迁移数的计算公式；

(2) 在相同温度下，用上述同一仪器测定同样浓度的 $AgNO_3$ 溶液的迁移数，通电时间相同，但外加电压增加 1 倍，$n(AgNO_3 \uparrow)$、$n(Ag)$ 和迁移数是否发生变化？

7-46 用银为电极通电于氰化银钾（$KCN \cdot AgCN$）溶液时，银在阴极上沉积。实验测得每通过 1mol e 的电量，阴极区失去 1.40mol Ag^+ 和 0.80mol CN^-，得到 0.6mol K^+，试由实验结果判断络离子的组成和迁移数。

7-47 某原电池在等温等压下以下列三种方式放电：① 可逆；② 电流 $I = 0.2A$；③ 电池短路。试问在上述三种情况下：

(1) 电池的电动势 E 是否相同？端电压 U 是否相同？应如何计算 U？

(2) 若该电池电动势的温度系数 $(\partial E / \partial T)_p > 0$，能否判定电

池放电时一定吸热？

7-48 有人说：“如果某电池反应的 $\Delta_r C_{p,m} = 0$，则该电池的电动势不随温度而变化”。这种说法是否正确？

7-49 在 298K 及 $p^\ominus$ 下，反应

$$Na(s) \longrightarrow Na(汞齐, a(Na) = 0.30)$$

的 $\Delta_r G_m < 0$。上述变化能否设计成电池？若能设计成电池，其电动势如何计算？在给定汞齐中 Na 的活度 $a(Na) = 0.30$ 时，Na 的标准状态是如何选择的？

7-50 298K 及 $p^\ominus$ 下，用 Pt 电极电解某 HNO_3 水溶液，理论分解电压为 1.229V。但实际上，当电解池的外加电压为 1.69V 时，在阴极和阳极上才明显有 H_2 和 O_2 泡排出。试说明原因。写出该电解池对应的电池并求它的电动势。

7-51 已知 25℃时反应

$$Zn + 2AgCl \longrightarrow Zn^{2+} + 2Ag + 2Cl^-$$

的 $\Delta_r H_m^\ominus = -233kJ \cdot mol^{-1}$。若将一个巨大电池

$$Zn | Zn^{2+}(a=1), Cl^-(a=1) | AgCl | Ag$$

在 25℃ 及 $p^\ominus$ 下对电阻 R 放电，致使阳极上有 1mol Zn 溶解。试问：

(1) 在上述过程中，阴极上沉积的 Ag 的物质的量为多少？

(2) 若以“电池+R”为系统，此过程的热量 Q 和 ΔH 各为多少？若增大 R 值（或减小放电速度），Q 值是否变化？

(3) 若分别考虑上述过程中的电池和电阻（它们的热效应分别为 Q_C 和 Q_R，电池的焓变为 ΔH_C），实验结果发现：当 R 值增大时，$|Q_R|$ 增大。试问当 R 值增大时，$|Q_C|$ 是否变化？若 $\lim\limits_{R \to \infty} Q_R = -190 \ kJ$，则 $\lim\limits_{R \to \infty} Q_C = ?$ $\lim\limits_{R \to \infty} \Delta H_C = ?$

(4) 试计算上述反应在 25℃时的 $\Delta_r G_m^\ominus$。

7-52 电池 $Zn | Zn^{2+}(a_1) \parallel Cd^{2+}(a_2) | Cd$ ①

与 $$Zn\mid Zn^{2+}(a_1),Cd^{2+}(a_2)\mid Cd \qquad ②$$
的电动势相同吗?

7-53 关于电池有如下两种说法:

(1) 公式 $-\Delta_r H_m = -Q_p + W'$ 中,$-\Delta_r H_m$ 代表电池放电时焓的减少,$-Q_p$ 代表电池放出的热量,W' 为电池做的电功。所以 W' 是 $-\Delta_r H_m$ 的一部分,即 W' 不可能大于 $-\Delta_r H_m$。

(2) W' 不可能大于 $-\Delta_r G_m$。

你如何评价以上两种说法?

7-54 某化学反应在电池内发生时电池做电功 $\delta W'$,请写出该系统关于 dG 的热力学基本关系式,并说明关系式中各项具体代表什么。如果该电池在等温等压下可逆放电,则上述关系式可写作什么形式?

第8章 表面化学与胶体

8.1 重要概念和规律

1. 比表面能与表面张力

物质的表面是指约几个分子厚度的一层。由于表面两侧分子作用力不同,所以在表面上存在一个不对称力场,即处在表面上的分子都受到一个指向体相内部的合力,从而使表面分子具有比内部分子更多的能量。单位表面上的分子比同样数量的内部分子多出的能量称为比表面能(也称比表面 Gibbs 函数)。表面张力是在表面上的相邻两部分之间单位长度上的相互牵引力,它总是作用在表面上,并且促使表面积缩小。表面张力与比表面能都是表面上不对称力场的宏观表现,即二者是相通的,它们都是表面不对称场的度量。它们是两个物理意义不同,单位不同,但数值相同,量纲相同的物理量。

2. 具有巨大界面积的系统是热力学不稳定系统

物质表面所多余出的能量 γA 称表面能(亦叫表面 Gibbs 函数),它是系统 Gibbs 函数的一部分,表面积 A 越大,系统的 G 值越高。所以在热力学上这种系统是不稳定的。根据热力学第二定律,在一定温度和压力下,为了使 G 值减少,系统总是自发地通过以下两种(或其中的一种)方式降低表面能 γA:①在一定条件下使表面积最小。例如液滴呈球形,液面呈平面;②降低表面张力。例如溶液自发地将其中能使表面张力降低的物质相对浓集到表面上(即溶液的表面吸附),而固体表面则从其外部把气体或溶质的分子吸附到表面上,从而改变表面结构,致使表面张力降低。

3. 润湿与铺展的区别

润湿和铺展是两种与固-液界面有关的界面过程。两者虽有联系,但意义不同。润湿是液体表面与固体表面相互接触的过程,因此所发生的变化是由固-液界面取代了原来的液体表面和固体表面。润湿程度通常用接触角 θ 表示,它反映液、固两个表面的亲密程度。当 θ 值最小($\theta = 0°$)时,润湿程度最大,称完全润湿。铺展是指将液体滴洒在固体表面上时,液滴自动在表面上展开并形成一层液膜的过程,因此所发生的变化是由固-液界面和液体表面取代原来的固体表面。铺展的判据是上述过程的 ΔG:若 $\Delta G < 0$,则能发生铺展;若 $\Delta G \geqslant 0$,则不能铺展。显然,如果能发生铺展,则必然能够润湿;但能够润湿($\theta < 90°$),则不一定发生铺展。只有完全润湿时才能铺展。因此润湿与铺展是两个不同的概念。

4. 溶液的表面吸附量

在一定条件下为了使表面张力最小,溶液能自动地将其中引起表面张力减小的物质相对浓集到表面上,因此表面相的浓度与溶液本体不同,这种现象称表面吸附。达吸附平衡时,单位表面上溶质的物质的量与同量溶剂在溶液本体中所溶解的溶质的物质的量的差值,称为表面吸附量,用符号 Γ 表示。Γ 也常叫做表面超量,单位为 $mol \cdot m^{-2}$。Γ 反映溶液表面吸附的性质和强弱:$\Gamma > 0$,表示正吸附(表面活性物质属于这种情况),且 Γ 值越大表示正吸附程度越大;$\Gamma < 0$,表示负吸附,且 Γ 值越负表示负吸附程度越大。Γ 值可由 Gibbs 吸附方程求出。当浓度很大时,表面吸附量不再随浓度而变化,此时称最大吸附量或饱和吸附量。

5. 表面活性剂

表面活性剂是一类能够显著降低水表面张力的物质,其特点是加入量很少而降低表面张力的收效很大,所以它们在溶液表面具有很强的正吸附。表面活性剂分子具有不对称性结构,其一端是有极性的亲水基,另一端是无极性的憎水基,所以它们在表面上呈定向排列,其憎水基朝外,亲水基朝向液体内部。在溶液内部,表面活性剂分子缔合成胶束。表面活性剂在水溶液中开始形成胶束时的浓度称临界胶束浓度 CMC。有关胶束的实验及理论研究是目前一个十分活跃的领域。表面活性剂在生产、生活及科研活动中具有广泛的应用。

6. 固体的表面吸附

为了降低表面张力,固体表面能自发地从外界吸附气体或溶液中的溶质。达吸附平衡时,单位质量的固体所吸附的吸附质的物质的量称吸附量。若吸附质是气体,人们也常用单位质量的固体所吸附的气体在标准状况下的体积表示吸附量。对于气-固吸附,吸附量与温度和压力有关,表示为 $\Gamma = f(T, p)$。在等温下,$\Gamma = f(p)$,表示此关系的曲线称吸附等温线,在科研中用得最多。实际上任何吸附理论最终要解决的问题就是预测和绘制吸附等温线。吸附系数 b 相当于化学反应的平衡常数,它是吸附程度的标志。吸附热 ΔH_m 是吸附 1mol 吸附质时所放出的热量,$|\Delta H_m|$ 是吸附强度大小的标志。

7. 胶体的基本特征

胶体是一类特殊的系统,它具有高分散性、多相性和热力学不稳定性。

8. ζ 电位

在胶体的诸性质(光学性质、动力性质、表面性质、稳定性质、流变性质和电性质)中,电性质最为重要,它在胶体的稳定与破坏过程中起着举足轻重的作用。胶粒具有带电结构,它的中心是由许多固体分子组成的胶核,胶核表面被吸附离子包围,吸附离子外边是跟随其一起运动的紧密层。胶核、吸附离子和紧密层一起构成胶粒,胶粒是溶胶中的独立运动单位。胶粒的带电情况是用 ζ 电位来描述的,ζ 电位是指滑移界面(紧密层的外沿)与溶液内部的电位差。ζ 值的大小是胶粒带电程度的标志,ζ 的符号是胶粒带电性质的标志。在电场强度及介质条件固定的情况下，ζ 决定着胶粒的电泳速度和介质的电渗速度。

9. 电解质对溶胶作用的两重性：往溶胶中加入少量电解质，可对溶胶起稳定作用；但大量电解质却会使溶胶聚沉。一般认为，对溶胶起聚沉作用的主要是反离子。反离子价数越高，其聚沉能力越大，聚沉值越小。当反离子价数相同时，聚沉决定于与胶粒带同号电荷的离子，同号离子的价数越低，聚沉能力越大。

8.2　主要公式

1.
$$\delta W' = -\gamma dA$$

或
$$W' = -\int_{A_1}^{A_2} \gamma dA$$

式中 W' 是表面功，γ 为表面张力，A 为系统的表面积。该式是计算表面功的基本公式。

2.
$$\gamma = \left(\frac{\partial G}{\partial A}\right)_{T,p,n_B,n_C,\cdots}$$

或
$$\gamma = \left(\frac{\partial U}{\partial A}\right)_{S,V,n_B,n_C,\cdots}$$

$$\gamma = \left(\frac{\partial H}{\partial A}\right)_{S,p,n_B,n_C,\cdots}$$

$$\gamma = \left(\frac{\partial (A)}{\partial A}\right)_{T,V,n_B,n_C,\cdots}$$

此四式称为表面张力的热力学定义式，其中 (A) 为系统的 Helmholtz 函数。以上四式中，以第一式用得最多。$(\partial G/\partial A)_{T,p,n_B,n_C,\cdots}$ 相当于在等温等压及各种物质的量不变的情况下，将系统的表面积增加 $1m^2$ 时所引起的 Gibbs 函数变化。所以表面张力 γ 也称作比表面 Gibbs 函数（或比表面能）。

3.

$$dU = TdS - pdV + \sum_B \mu_B dn_B + \gamma dA$$

$$dH = TdS + Vdp + \sum_B \mu_B dn_B + \gamma dA$$

$$d(A) = -SdT - pdV + \sum_B \mu_B dn_B + \gamma dA$$

$$dG = -SdT + Vdp + \sum_B \mu_B dn_B + \gamma dA$$

这组公式称为表面热力学的基本关系式。其中第四式用得最多，dG 是全微分，右端四项分别代表温度、压力、物质的量及表面积的变化所引起的系统 G 的变化。可见，表面积 A 增加，将使系统 Gibbs 函数增加，即在等温等压等物质的量的情况下，$dG = \gamma dA$。

4.

$$\Delta p = \frac{2\gamma}{r}$$

此式称 Young-Laplace 方程，其中 Δp 是弯曲界面下的附加压力，γ 是界面张力，r 是弯曲界面的曲率半径。方程表明，附加压力是由表面张力引起的，而且其大小与曲率半径成反比。Δp 是指弯曲界面两侧两相的压力差，它始终加到曲率半径的中心一侧。对于由液膜围成的气泡，由于存在内外两个半径几乎相同的表面，所以泡中的附加压力应为 $\Delta p = 4\gamma/r$。

5.

$$\ln \frac{p_v}{p_v^0} = \frac{2\gamma M}{RT\rho r}$$

此式称为 Kelvin 方程。式中 p_v 代表半径为 r 的小液滴的蒸气压，p_v^0 代表同温度时液体蒸气压的正常值，γ 为液体的表面张力，M 和 ρ 分别为液体的摩尔质量和密度。方程表明，p_v 大于正常蒸气压且随液滴半径减小而增大。Kelvin 方程也可用于计算固体颗粒的蒸气压，此时 γ 代表固体的表面张力。

6.

$$\ln \frac{x_B}{x_B^0} = \frac{2\gamma M_B}{RT\rho_B r}$$

式中 x_B 代表半径为 r 的微小固体颗粒的溶解度，x_B^0 为同温度下固体的正常溶解度，γ 为固体与其饱和溶液间的界面张力，M_B 和 ρ_B 分别为固体 B 的摩尔质量和密度。此式表明，小固体颗粒的溶解度大于正常溶解度且随颗粒变小而增大，即固体颗粒越小，越容易溶解。在此式中，将溶液当作理想溶液。

7.
$$\ln \frac{T_m}{T_m^0} = \frac{-2\gamma M}{\Delta_s^1 H_m \rho r}$$

式中 T_m 代表半径为 r 的微小固体颗粒的熔点，T_m^0 为固体的正常熔点，γ 为固-液界面张力，M 为摩尔质量，ρ 为固体的密度，$\Delta_s^1 H_m$ 为摩尔熔化焓。此式表明微小固体颗粒的熔点低于正常熔点，且固体颗粒半径越小，其熔点越低，即固体越容易熔化。

8.
$$\gamma_{s\text{-}g} = \gamma_{l\text{-}g}\cos\theta + \gamma_{s\text{-}l}$$

此式称为 Young 方程，其中 $\gamma_{s\text{-}g}$，$\gamma_{l\text{-}g}$ 和 $\gamma_{s\text{-}l}$ 分别代表固-气、液-气和固-液间的界面张力，θ 为接触角，其值为 $0° \leqslant \theta < 180°$。人们通常用 θ 代表液体对固体表面的润湿程度，即 θ 值越小，表示润湿程度越大。将一滴液体滴到固体表面上，若能达到流动平衡，才遵守 Young 方程。

9.
$$\Gamma = -\frac{b_B}{RT}\left(\frac{\partial\gamma}{\partial b_B}\right)_{T,p}$$

或
$$\Gamma = -\frac{c_B}{RT}\left(\frac{\partial\gamma}{\partial c_B}\right)_{T,p}$$

式中 Γ 为溶液的表面吸附量，单位为 $mol \cdot m^{-2}$，$(\partial\gamma/\partial b_B)_{T,p}$ 和 $(\partial\gamma/\partial c_B)_{T,p}$ 代表溶液表面张力随浓度的变化率。此式是最常用的 Gibbs 吸附方程，它描述溶液浓度、表面张力和表面吸附量三者的关系，是表面和胶体科学的一个基本公式。此式表明，能够降低表面张力的物质总是相对浓集于表面上，而使表面张力增大的物质相对浓集于体相内部。在上述公式中，忽略了活度系数的影响。

10.
$$\Delta G/m^2 = \gamma_{s\text{-}l} + \gamma_{l\text{-}g} - \gamma_{s\text{-}g}$$

此式是液体在固体表面上的铺展判据，其中 ΔG 是铺展过程的

Gibbs 函数变。若 $\Delta G < 0$，则铺展过程能够发生，若 $\Delta G \geqslant 0$，则铺展过程不能发生。

11.
$$\theta = \frac{bp}{1 + bp}$$

此式称作 Langmuir 吸附方程，它适用于气体在固体表面上的单分子层吸附。式中 θ 代表固体的表面覆盖率；p 为吸附平衡时气体的压力；b 是吸附系数，对给定的吸附剂和吸附质它只与温度有关。若把吸附视为化学反应，则 b 相当于反应的平衡常数（故有人称之为吸附平衡常数），是吸附平衡位置的标志，也就是固体表面对气体的吸附程度的标志。上述方程可写作

$$\Gamma = \frac{\Gamma_{max} bp}{1 + bp}$$

其中 Γ 和 Γ_{max} 分别是吸附量和最大吸附量（饱和吸附量）。在气-固吸附实验中，人们常用气体在标准状况下的体积描述吸附情况，此时方程写作

$$V = \frac{V_{max} bp}{1 + bp}$$

其中 V 和 V_{max} 分别为气体的吸附体积和最大吸附体积。为了便于处理数据，上式常表示为如下形式

$$\frac{p}{V} = \frac{p}{V_{max}} + \frac{1}{b V_{max}}$$

此式表明，若根据实验数据作图 p/V-p，可由所得直线的斜率和截距求出 b 和 V_{max}。

Langmuir 方程也常用于固体对溶液中溶质的吸附，在这种情况下，需将式中的 p 换作溶液的浓度。

12.
$$V = \frac{C p V_{max}}{(p_v - p)[1 + (C-1) p/p_v]}$$

此式称 BET 公式，其中 V 为吸附体积，V_{max} 为单层饱和吸附体积，p_v 是吸附质在该温度下的饱和蒸气压，C 是与吸附过程热效应有

关的常数。此公式适用于固体对气体的多分子层吸附和单分子层吸附,压力范围为 $0.05 < p/p_V < 0.35$。为了处理实验数据方便,BET 公式常写作如下形式:

$$\frac{p}{V(p_V - p)} = \frac{C-1}{V_{max}C} \frac{p}{p_V} + \frac{1}{V_{max}C}$$

这意味着,将实验数据作 $p/V(p_V - p)$-p/p_V 图,成一直线,而且可由直线的斜率和截距求得 V_{max},即

$$V_{max} = \frac{1}{斜率 + 截距}$$

人们认为,该方法是求取 V_{max} 最可靠的方法。

13. $$\Gamma = k p^{1/n}$$

此式称 Freundlich 吸附等温式,其中 Γ 是吸附量,p 是吸附平衡时气体的压力,k 和 n 均为只与吸附剂和吸附质本身有关的经验常数。此公式广泛应用于求吸附量。它也适用于固体对溶液中溶质的吸附,此时只需将式中的 p 换成溶液的浓度即可。

14. $$\left(\frac{\partial \ln\{p\}}{\partial T}\right)_\Gamma = \frac{-\Delta H_m}{RT^2}$$

此式适用于吸附量恒定的情况。其中 p 和 T 分别为吸附平衡时的气体压力和温度,ΔH_m 是等量吸附热,单位为 $J \cdot mol^{-1}$。式中的 ΔH_m 实际上是微分热。此式表明,在保持吸附量不变的条件下,压力随温度升高而增大。

15. $$I = \frac{24\pi^3 \overline{N} V^2}{\lambda^4} \left(\frac{n^2 - n_0^2}{n^2 + 2n_0^2}\right)^2 I_0$$

此式称 Rayleigh 公式,其中 I_0 和 I 分别为入射光和散射光的强度,λ 是入射光波长,n_0 和 n 分别为分散介质和分散相的折射率,$\overline{N}$ 是胶粒浓度(即单位体积的溶胶中的胶粒数),V 是单个粒子体积。此式用于计算溶胶的 Tyndall 效应。

16. $$\frac{dN}{dt} = -DA \frac{d\overline{N}}{dx}$$

此式称 Fick 定律,其中 dN/dt 为单位时间内通过截面积 A 的扩散量,$d\overline{N}/dx$ 为浓度梯度。定律表明,单位时间内的扩散量与截面积 A 和浓度梯度成正比。D 称为扩散系数,其意义是:当单位浓度梯度时,单位时间内通过单位截面的扩散量。对于球形粒子,D 与粒子半径 r、介质粘度 η 及温度 T 有关:

$$D = \frac{kT}{6\pi\eta r}$$

其中 k 是 Boltzmann 常数。D 是扩散强弱的标志,其值可用多种方法测定。若 D 值已知,可利用上式计算粒子半径 r(流体力学半径)。若分散相的密度已知,还可进而计算胶粒的质量。

17. $\quad \dfrac{\overline{N}_2}{\overline{N}_1} = \exp\left[-\dfrac{3}{4}\pi r^3 (\rho - \rho_0) g L (h_2 - h_1)/RT\right]$

此式为胶粒在重力场中的高度分布公式。式中 $\overline{N}_1$ 和 $\overline{N}_2$ 分别为达沉降平衡时,在高度 h_1 和 h_2 处的粒子浓度,ρ 和 ρ_0 分别为分散相和分散介质的密度,r 为胶粒半径,g 和 L 分别为重力加速度和 Avogadro 常数。此式只适用于在重力场中能达到沉降平衡的溶胶。

18. $\quad v = \dfrac{2r^3}{9\eta}(\rho - \rho_0)g$

此式为重力场中的沉降公式,其中 v 为胶粒的沉降速度,r 为胶粒半径,η 为介质粘度,ρ 和 ρ_0 分别为分散相和分散介质的密度,g 为重力加速度。此式表明,可以通过测定沉降速度 v 计算胶粒半径 r,进而计算胶粒质量。

19. $\quad v = \dfrac{\epsilon E \zeta}{K\eta}$

此式是电泳速度公式,其中 v 为胶粒的电泳速度,ϵ 和 η 分别为介质的介电常数和粘度,E 是电场强度,ζ 为 ζ 电位,K 是与胶粒形状有关的常数。此式不仅表明电泳速度与 ζ 电位的依赖关系,还为人们提供了一种测定 ζ 电位的方法,即通过测定电泳速度来求

取 ζ 值。

8.3 思 考 题

8-1 在 25℃ 及 $p^{\ominus}$ 下,将水的表面积可逆增加 $2cm^2$,此过程的 Gibbs 函数变和功分别为 ΔG_1 和 W_1;若在 25℃ 及 $p^{\ominus}$ 下,将水的表面积快速增加 $2cm^2$,则上述两个量分别为 ΔG_2 和 W_2。试比较以上四个量之间的关系。W_1 和 W_2 是表面功吗?

8-2 有人说:"液体的表面张力等于表面上的分子所受的指向液体内部的合力。"这种说法有无道理?

8-3 在一玻璃管两端各有一个大小不等的肥皂泡,如图所示。当开启活塞使两泡相通时,试问两泡体积将如何变化?为什么?

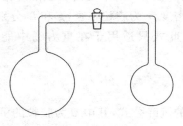

8-3 题图示

8-4 已知水在两玻璃板间形成凹液面,而在两石蜡板间形成凸液面,试解释为什么两玻璃板间放一点水后很难拉开,而两石蜡板间放一点水后很容易拉开。

8-5 图中 A,B,C,D 和 E 是插入同一个水槽中且直径相同的玻璃毛细管,其中 A 内水面高度 h 是平衡时的高度。

(1)试标出 B,C,D 和 E 毛细管中水面位置及凹凸情况;

(2)如图所示,若预先将 A,B 和 C 中水面吸至 h 高度之上让其自动下降,其结果将如何?

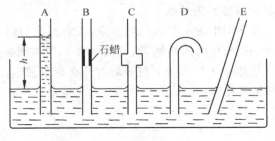

8-5 题图示

8-6 试解释下列现象:

(1) 不含灰尘的纯净水可以过冷到 0℃以下而不结冰;

(2) 在相同温度下,分散度越大的晶粒溶解度越大;

(3) 高度分散的 $CaCO_3$ 的分解压较块状 $CaCO_3$ 的分解压大;

(4) 分散度很高的细小固体颗粒其熔点比普通晶体的熔点要低些。

8-7 用同一支滴管分别滴出水和苯各 1mL,所用的滴数相同吗? 为什么?

8-8 当加热一个装有部分液体的毛细管时,下面两种情况下液体各向哪一端移动? 为什么?

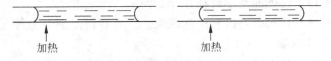

8-8 题图示

8-9 Langmuir 吸附等温方程式是基于什么假设条件推导出来的?

8-10 在两个体积分别为 100L 和 10L、内含同种气体各

100mg 和 10mg 的同温容器中,各加入 1 g 活性炭时,哪一容器中气体被吸附得多些? 为什么?

8-11　在下图中的 a 和 b 内均为汞,两者温度相同,插入 a 内的是毛细管,插入 b 内的是粗管,开关 c 和 c′均关闭。问 A 和 B 中的汞蒸气压哪个大? 若把 c′打开将有什么现象发生? 若把 c 和 c′同时打开又将如何?

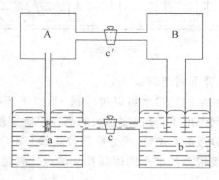

8-11 题图示

8-12　什么是表面活性剂? 在 5-5 题中若往 A 管内液体中加入一些表面活性剂,液面将上升还是下降?

8-13　什么是胶体? 如何区分胶体和真溶液?

8-14　胶体的基本特征是什么?

8-15　什么是电渗和电泳现象? 二者有何区别? 为什么会产生这两种现象?

8-16　什么是 ζ 电位? 什么是胶粒表面的双电层结构?

8-17　为什么在新生成的 $Fe(OH)_3$ 沉淀中加入少量的稀 $FeCl_3$ 溶液,沉淀会溶解? 若再加入一定量的硫酸盐溶液,为什么又会析出沉淀?

8-18　关于小颗粒固体的蒸气压有 Kelvin 方程

$$\ln \frac{p_{\mathrm{V}}}{p_{\mathrm{V}}^0} = \frac{2\gamma M}{RT\rho r} \qquad \text{①}$$

其中 p_{V}^0 代表大块固体的蒸气压（固体的正常蒸气压），p_{V} 代表半径为 r 的小颗粒固体的蒸气压；而固体颗粒的溶解度公式（设溶液为理想溶液）为

$$\ln \frac{x_{\mathrm{B}}}{x_{\mathrm{B}}^0} = \frac{2\gamma M_{\mathrm{B}}}{RT\rho_{\mathrm{B}} r} \qquad \text{②}$$

其中 x_{B} 代表半径为 r 的小颗粒固体的溶解度，x_{B}^0 为正常溶解度。②式与①式十分相似，实际上可以由①式按下法简捷地得出②式：

因为是理想溶液，所以小颗粒固体和大块状固体的蒸气压分别为

$$p_{\mathrm{V}} = p_{\mathrm{B}}^* x_{\mathrm{B}} \quad \text{和} \quad p_{\mathrm{V}}^0 = p_{\mathrm{B}}^* x_{\mathrm{B}}^0$$

两式相除即得

$$\frac{p_{\mathrm{V}}}{p_{\mathrm{V}}^0} = \frac{x_{\mathrm{B}}}{x_{\mathrm{B}}^0}$$

于是，①式就变为②式。

上面的推理是否正确？为什么？

8-19 "比表面能就是单位表面积上的分子所具有的能量"，这种说法对吗？

8-20 "溶液表面吸附量 Γ 就是 $1\,\mathrm{m}^2$ 溶液表面上所含溶质的物质的量"，这种说法对吗？

8-21 在 25℃ 及 101325Pa 的外压下，下面三种形状的液体水如图所示。三者的蒸气压一样大吗？为什么？

(a) 水滴　　　(b) 平面下的水　　　(c) 毛细管中的水

8-21 题图示

8-22 在 100℃时一个密闭容器中装有液态水,水面上是纯水蒸气。而在水中有一个很小的空气泡,见图。问水面上压力 p 为多大？若忽略重力场的影响,气泡内的压力是否等于 p？试把泡中水蒸气分压 p' 与 p 加以比较。

8-22 题图示

8-23 溶胶具有热力学不稳定性,为什么有的溶胶能存在相当长的时间而不聚沉？

8-24 胶体粒子带电的主要原因是什么？

8-25 外加电解质对溶胶稳定性的影响具有两重性:少量电解质对溶胶有稳定作用;当电解质浓度足够大时能引起溶胶聚沉。你是如何理解这种现象的？

8-26 弯曲界面下存在附加压力,试指出附加压力的方向。

8-27 如何改变水溶液对固体表面的润湿情况？并简述原理。

8-28 为什么 BET 方程只能应用于临界温度以下的气体？Langmuir 方程对被吸附气体是否有这个限制条件？

8-29 在一个密闭容器中存在大小不同的小水滴。经长时间恒温放置,会发生什么现象？

8-30 小固体颗粒的许多性质(蒸气压、溶解度和熔点等)与大块状固体不同。有人说,这是由于小颗粒内存在很大的附加压力,从而使其化学势升高所造成的。你认为这种说法是否正确？为什么？据小颗粒熔点公式:

$$\ln \frac{T_\mathrm{m}}{T_\mathrm{m}^0} = \frac{-2\gamma M}{\Delta_\mathrm{s}^\mathrm{l} H_\mathrm{m}\rho r}$$

其中 T_m^0, ρ, M 和 $\Delta_\mathrm{s}^\mathrm{l} H_\mathrm{m}$ 分别为固体的正常熔点、密度、摩尔质量和摩尔熔化焓,γ 是固-液界面张力。由此式可知,固体颗粒半径 r 越小(即压力越大),其熔点 T_m 越低。在硫的相图(p-T)中,固-液共存线的斜率 $\mathrm{d}p/\mathrm{d}T > 0$,表示熔点随压力增大而升高。由此可以得出结论：上述熔点公式不适用于硫。你如何看待这个结论？

8-31　在一定温度和外压下，半径为 r 的小固体颗粒 B 与液体 B 平衡共存：

$$B(s,r) \Longleftrightarrow B(l)$$

所以上述相变过程是可逆过程，严格服从 $\Delta_s^l S_m = \Delta_s^l H_m / T$。你认为这个结论如何？

8-32　有人说，若某液滴在一固体表面上服从 Young 方程，则该液体不可能在这个固体表面上铺展。这种说法是否正确？

8-33　溶液表面吸附与固体表面吸附的含义相同吗？两种表面吸附量的意义各是什么？

8-34　若液体不润湿固体（即接触角 $\theta > 90°$），是否意味着当液体表面与固体表面接触后引起系统界面能增加？

8-35　当气体压力很低时，BET 吸附方程可简化成 Langmuir 方程。你如何解释这种情况？

8-36　等量吸附热 ΔH_m 代表固体表面吸附 1mol 气体时所放出的热量。它与吸附量 Γ 有关吗？为什么？如何由吸附等温线求 ΔH_m？

8-37　Tyndall 效应的实质是什么？具备什么条件才能产生 Tyndall 效应？

第9章 化学动力学

9.1 重要概念、规律和方法

1. 反应分子数和反应级数

反应分子数和反应级数是两个不同的概念。反应分子数是指在元反应中直接发生碰撞的粒子数,其值只能是 1、2 或 3。对于复合反应,则没有反应分子数之说。若速率方程具有幂函数形式,其中幂的次数称为反应级数,它只表明物质浓度对反应速率的影响程度。级数是纯经验数字,它可以是整数,也可以是分数;可以是正数,也可以是负数,还可以是零。但是对于元反应而言,其反应级数恰等于反应分子数。

2. 关于速率方程

速率方程反映浓度对于反应速率的影响。它是研究反应动力学唯象规律及微观机理的基础,是化学反应动力学性质的综合体现。速率方程具有微分和积分两种形式,其实后者是前者的解,所以关键是微分式。在确定反应级数或进行其他定量处理时,一定要写出速率方程微分式的具体形式,这才能为正确解决问题奠定基础。

在动力学实验中,为了使速率方程的形式简化,常采用以下两种原料配方:①按计量比投料。例如,若反应 $A+2B+3C \rightarrow P$ 的速率方程为 $-dc_A/dt = kc_A^{\alpha}c_B^{\beta}c_C^{\gamma}$。当按计量比投料时,$c_A = \dfrac{1}{2}c_B = \dfrac{1}{3}c_C$,则速率方程可简化成 $-dc_A/dt = k2^{\beta}3^{\gamma}c_A^{\alpha+\beta+\gamma} = k'c_A^{n}$;②一种

反应物初始浓度远小于其他反应物。例如在上例中若初始浓度 a,b,c 满足 $a \ll b$ 且 $a \ll c$，则反应过程中 $c_B \approx b$，$c_C \approx c$，于是速率方程简化为 $-dc_A/dt = kb^\beta c^\gamma c_A^\alpha = k'' c_A^\alpha$。总之，特定的配方往往能把一个多元幂函数简化成一元函数，结果将一个复杂问题变得简单。

在知道反应级数之后，动力学讨论或处理问题的基本程序为：① 列出速率方程；② 解微分方程；③ 由解出的结果讨论反应特点。只要掌握这种处理方法，可以自行讨论各种级数的反应。

应该指出，动力学中的一些公式和规律往往是以特定的速率方程为前提的。例如半衰期公式 $t_{1/2} = \ln 2/k$ 是对速率方程为 $-dc_A/dt = kc_A$ 的反应而言的。因此，其他形式的一级反应（如 $-dc_A/dt = kc_A^{1.5} c_B^{-0.5}$，$-\dfrac{1}{2} dc_A/dt = kc_A$ 等）不能简单套用上述半衰期公式。

3. 速率系数

对不同化学反应进行比较时，人们用速率系数 k 表示反应的快慢。它等于系统中各物质浓度均为单位浓度时的反应速率，其值取决于反应的温度、催化剂的种类及浓度、溶剂种类等。在动力学研究中，k 是人们最关心的物理量之一。与一般物理量相比，它的主要特点是没有固定的单位，其单位随反应级数不同而异。

4. 活化能

元反应的活化能是指 1mol 活化分子的平均能量比反应物分子的平均能量的超出值。由此可见，活化能是 1mol 反应物分子发生反应所需的能量。对于复合反应，活化能并无上述意义，它只是一个经验参数，实际上它是机理中各元反应活化能的代数和。活化能对速率系数具有显著影响。这种影响包括两个方面：① 活化能越大，速率系数越小；② 活化能的大小是速率系数对温度敏感程度的标志。活化能越大，表明速率系数对温度的变化越敏感。这一点常被用于抑制人们所不希望的反应。

5. 元反应的活化步骤

根据过渡状态理论,反应物首先变成活化配合物,然后变成产物。上述过程的第一步称为元反应的活化步骤。此步中常用的活化热力学函数有 $\Delta^{\ddagger}G_m$,$\Delta^{\ddagger}S_m$,$\Delta^{\ddagger}H_m$,$\Delta^{\ddagger}U_m$ 和 $K^{\ddagger}$。其中 $\Delta^{\ddagger}G_m$,$\Delta^{\ddagger}S_m$,$\Delta^{\ddagger}H_m$ 和 $\Delta^{\ddagger}U_m$ 分别代表当反应物和活化配合物的浓度均为 $c^{\ominus}$ 时活化步骤的 Gibbs 函数变、熵变、焓变和内能变,$K^{\ddagger}$ 代表反应物与活化配合物间呈平衡时的相对浓度积 $\prod_B (c_B^{eq}/c^{\ominus})^{\nu_B}$。以上各量均只是温度的函数,其中 $\Delta^{\ddagger}H_m$ 一般约等于活化能,$K^{\ddagger}$ 和 $\Delta^{\ddagger}G_m$ 满足关系 $K^{\ddagger} = \exp(-\Delta^{\ddagger}G_m/RT)$。

6. 反应的动力学特点

(1) 对于速率方程为 $-dc_A/dt = kc_A$ 的反应:①$\ln\{c_A\}$-t 成直线关系,且直线的斜率等于 $-k$;②半衰期与反应物的起始浓度无关。

(2) 对于速率方程为 $-dc_A/dt = kc_A^2$ 的反应:①$1/c_A$-t 成直线关系,且直线的斜率等于 k;②半衰期与反应物的初始浓度成反比。

(3) 对于速率方程为 $-dc_A/dt = k$ 的反应:①c_A-t 成直线关系,且直线的斜率等于 $-k$;②半衰期与反应物的初始浓度成正比。

(4) 对于对峙反应:若 k_1 和 k_2 相差悬殊,可以当作单向反应处理(即忽略掉 k 值较小的一方)。

(5) 对于平行反应:若各反应的级数相同,则反应过程中各产物的浓度比等于常数。

(6) 对连续反应:①若各步的速率系数相差不太大,则反应过程中中间产物的浓度存在极大值。因此若中间产物是希望的产品,则必须控制合适的反应时间,方能得到最多的产品;②若其中一个反应的 k 值远小于其他各步,则该反应是整个连续反应的决速步,连续反应的速率由该步制约。

（7）链反应：每一步都与自由基有关。在反应过程中,自由基不断消失,又不断再生,因此系统中的自由基主要靠反应自身产生来维持。

7. 稳态假设和平衡假设

稳态假设和平衡假设是由反应机理推导速率方程时为了使问题简化而经常采用的两种方法。前者是指当反应稳定之后,高活性中间产物的浓度不随时间而变化。这种说法是一种近似,只具有相对的意义,即由于高活性中间产物的浓度与反应物和产物相比微乎其微,所以它随时间的变化就小得可以不计。平衡假设是对具有决速步机理的反应而言的。它是指决速步之前的对峙步骤保持平衡。这显然只是处理决速步时所采用的一种简化问题的手段,因为化学反应正在以一定速率进行,所以真正"保持平衡"是绝对不可能的。由此可知,上述"平衡"只是相对于决速步而言的,即在处理决速步时可把其前面的对峙步骤视为平衡。以上两种处理方法实际上是统一的,稳态假设包括平衡假设,或平衡假设只是稳态假设的一种特例。

由反应机理推导速率方程时应注意以下三个问题：①对一些反应（如爆炸反应）,因为不存在近似的稳定和平衡,所以不可使用稳态假设和平衡假设；②对于一个反应,若两个假设都可以使用时,应优先使用平衡假设；③虽然任何一种反应物或产物都可被选用描述反应速率,但一般应优先选择参与决速步反应且在整个机理中出现次数较少的反应物或产物来描述反应速率。

8. 催化剂的通性

催化剂是指能明显改变反应速率,但反应结束后其数量和化学性质不发生变化的一类物质。从催化反应的机理来讲,催化剂参与了化学反应,但在反应过程当中被重新再生。催化剂的通性为：①反应后,催化剂的某些物理性质可能改变；②催化剂不能改变反应的热力学性质,因此催化剂虽然能改变原来的反应机理和反应活化能(有时也改变指前因子),从而改变反应的速率系数,但它却无法改变反应的方向和限度;③对反应具有特殊选择性。

9. 气-固催化反应的一般步骤及其对气-固吸附的要求

气-固复相催化反应一般分下列五步:①反应物分子扩散到催化剂表面;②反应物分子在固体表面吸附;③表面化学反应;④产物分子从固体表面脱附;⑤产物分子扩散离开催化剂表面。其中①和⑤为物理过程,其余三步为化学过程。一个好的催化剂应该对反应物分子有较快的吸附速率和适中的吸附强度。

10. 光化学反应的主要特点

与热化学反应相比,光化学反应的主要特点是:①光化学反应不遵守 Gibbs 函数减少原理;②光化学反应速率与吸光强度有关,而与反应温度无关(或基本无关),因此其反应速率方程中必含有吸光强度。当由反应机理推导速率方程时要特别注意,在光的波长指定之后,其初级反应的速率只取决于吸光强度;③反应的平衡浓度与光的波长和强度有关。平衡常数 $K^{\ominus}$ 不只是温度的函数,同时与光的波长和强度有关且 $K^{\ominus} \neq \exp(-\Delta_r G_m^{\ominus}/RT)$。对于对峙光化学反应 $K^{\ominus}(c^{\ominus})^{\sum_B \nu_B} \neq k_1/k_2$。由上可以看出,光化学反应是一类特殊的化学反应,热化学反应的许多动力学和热力学处理方法都不适用于光化学反应。

9.2 主 要 公 式

1.
$$r = \frac{d\xi}{dt}\frac{1}{V}$$

式中 r 是任意化学反应 $0 = \sum_B \nu_B B$ 的反应速率,V 是反应系统的体积,$d\xi/dt$ 是反应进度随时间的变化率。所以反应速率是指单位时间内在单位体积中反应进度的变化。r 的常用单位为 $mol \cdot m^{-3} \cdot s^{-1}$。对于等容反应,上式变为

$$r = \frac{1}{\nu_B} \frac{dc_B}{dt}$$

其中 c_B 为 B 的浓度,ν_B 为 B 的化学计量数。式中 r 的值与 B 选用哪种物质无关,但与反应方程式的写法有关。

2. 反应 A→P 的速率方程为

$$-\frac{dc_A}{dt} = kc_A$$

此式是一级反应的速率方程,k 是速率系数。若反应由纯 A 开始且初始浓度为 a,则上述微分方程的解为

$$c_A = ae^{-k_1 t}$$

或

$$\ln \frac{a}{c_A} = kt$$

或

$$\ln \frac{1}{1-y} = kt$$

其中 c_A 是任意时刻 t 时 A 的浓度,y 是 A 的消耗百分数。以上各式均反映物质浓度与反应时间的关系,都称速率方程。

3. 一级反应 A→P 的半衰期公式:

$$t_{1/2} = \frac{\ln 2}{k}$$

4. 反应 A+B→P 分别对 A 和 B 为一级,其速率方程为:

$$-\frac{dc_A}{dt} = kc_A c_B$$

(1) 若 A 和 B 的初始浓度相等,即 $a = b$,则上式为

$$-\frac{dc_A}{dt} = kc_A^2$$

解得

$$\frac{1}{c_A} = kt + \frac{1}{a}$$

此二式即为这类二级反应的速率方程,其中 k 为速率系数。反应

的半衰期为

$$t_{1/2} = \frac{1}{ka}$$

（2）若 $a \neq b$，则速率方程为

$$\ln \frac{c_A}{c_B} = (a-b)kt + \ln \frac{a}{b}$$

5. 零级反应 A→P 的速率方程为：

$$-\frac{dc_A}{dt} = k$$

解得

$$c_A = -kt + a$$

半衰期公式为

$$t_{1/2} = \frac{a}{2k}$$

6. 三级反应 A→P 的速率方程为：

$$-\frac{dc_A}{dt} = kc_A^3$$

解得

$$\frac{1}{c_A^2} = 2kt + \frac{1}{a^2}$$

这类反应的半衰期公式为

$$t_{1/2} = \frac{3}{2ka^2}$$

7.

$$k = A\exp\left(-\frac{E}{RT}\right)$$

此式称 Arrhenius 公式。其中 k 是速率系数；指前因子 A 和活化能 E 是两个经验常数，它们在动力学中起着重要作用，称为动力学参量。上述公式还可写作

$$\ln\{k\} = -\frac{E}{RT} + \ln\{A\}$$

若温度 T_1 和 T_2 时的速率系数分别为 k_1 和 k_2，则此式为

$$\ln \frac{k_2}{k_1} = \frac{E}{R}\left(\frac{1}{T_1} - \frac{1}{T_2}\right)$$

此式常用于由一个温度下的速率系数计算另一温度下的速率系数。Arrhenius 公式也常写作

$$\frac{\mathrm{d}\ln\{k\}}{\mathrm{d}t} = \frac{E}{RT^2}$$

此式称为活化能的定义式。

实验表明,对于一般化学反应,在温度变化不超过 100K 的情况下,Arrhenius 公式能较好的符合实际情况。当温差进一步增大时,开始出现明显偏差,当温度变化超过 500K 时,公式不再适用。

8.
$$\frac{k_1}{k_2} = \prod_{\mathrm{B}} (c_{\mathrm{B}}^{\mathrm{eq}})^{\nu_{\mathrm{B}}}$$

此式适用于元反应,其中 k_1 和 k_2 分别为正反应和逆反应的速率系数,$c_{\mathrm{B}}^{\mathrm{eq}}$ 为物质 B 的平衡浓度。对于液相反应和理想气体反应,上式可分别写作

$$\frac{k_1}{k_2} = K^{\ominus} (c^{\ominus})^{\sum_{\mathrm{B}} \nu_{\mathrm{B}}}$$

和
$$\frac{k_1}{k_2} = K^{\ominus} \left(\frac{p^{\ominus}}{RT}\right)^{\sum_{\mathrm{B}} \nu_{\mathrm{B}}}$$

其中 $K^{\ominus}$ 为反应的标准平衡常数,$\sum_{\mathrm{B}} \nu_{\mathrm{B}}$ 是元反应方程式中各物质的化学计量数的代数和,$c^{\ominus} = 1000\,\mathrm{mol} \cdot \mathrm{m}^{-3}$,$p^{\ominus}$ 是标准压力。以上两式表明,元反应的 k_1/k_2 与 $K^{\ominus}$ 成正比。

9.
$$E_1 - E_2 = \Delta_r H_{\mathrm{m}}^{\ominus}$$

此式适用于液相元反应,其中 E_1 和 E_2 分别为正反应和逆反应的活化能,$\Delta_r H_{\mathrm{m}}^{\ominus}$ 为反应的标准焓变。对于气相元反应,则

$$E_1 - E_2 = \Delta_r U_{\mathrm{m}}^{\ominus}$$

式中 $\Delta_r U_{\mathrm{m}}^{\ominus}$ 为反应的标准内能变。由以上两式可知,正、逆反应的活化能之差约等于反应热。

10.
$$Z_{\mathrm{AB}} = \overline{N}_{\mathrm{A}} \overline{N}_{\mathrm{B}} d_{\mathrm{AB}}^2 \sqrt{\frac{8\pi RT}{M^*}}$$

式中 Z_{AB} 为不同分子的碰撞频率,即在气体 A 和气体 B 的混合物中分子 A 和 B 的互碰频率;$\overline{N}_A$ 和 $\overline{N}_B$ 分别为两种气体的分子浓度,单位为 m^{-3}(即单位体积中所包含的分子数);d_{AB} 为碰撞直径,M^* 为约化摩尔质量,其定义式分别为

$$d_{AB} = \frac{d_A}{2} + \frac{d_B}{2}$$

$$M^* = \frac{M_A M_B}{M_A + M_B}$$

其中 d_A 和 d_B 分别为分子 A 和 B 的有效直径,M_A 和 M_B 分别为分子 A 和 B 的摩尔质量。

对于同种气体分子,其互碰频率 Z_{AA} 为

$$Z_{AA} = 2\overline{N}^2 d_A^2 \sqrt{\frac{\pi RT}{M_A}}$$

11.
$$q = \exp\left(-\frac{E_c}{RT}\right)$$

式中 q 为有效碰撞分数;E_c 为临界能,单位为 $J \cdot mol^{-1}$,对于指定的反应,E_c 是与温度无关的常数。

12.
$$k = L d_{AB}^2 \sqrt{\frac{8\pi RT}{M^*}} \exp\left(-\frac{E_c}{RT}\right)$$

此式是碰撞理论公式,它适用于双分子气相反应 A+B→P。式中 k 是反应的速率系数,L 是 Avogadro 常数,d_{AB} 为分子碰撞直径,M^* 为约化摩尔质量,E_c 为反应的临界能。对于双分子气相反应 2A→P,碰撞理论公式为

$$k = 2L d_A^2 \sqrt{\frac{\pi RT}{M_A}} \exp\left(-\frac{E_c}{RT}\right)$$

其中 d_A 为分子的有效直径,M_A 为摩尔质量。上述两式中的临界能 E_c 与活化能 E 的关系为

$$E_c = E - \frac{1}{2}RT$$

由此可知：在一般情况下，即活化能不很小且反应温度不很高的条件下，E_c 与 E 近似相等。

13.
$$k = \frac{k_B T}{h} K^{\ddagger} (c^{\ominus})^{1-n}$$

此式是过渡状态理论的基本公式，它适用于计算 n 分子反应的速率系数。式中 k_B 和 h 分别为 Boltzmann 常数和 Planck 常数，$c^{\ominus}$ 为标准浓度，$K^{\ddagger}$ 是反应物与活化配合物间呈平衡时的相对浓度积。若用反应物活化步骤的热力学函数表示 $K^{\ddagger}$，上述公式变为

$$k = \frac{k_B T}{h} (c^{\ominus})^{1-n} \exp\left(\frac{\Delta^{\ddagger} S_m}{R}\right) \exp\left(-\frac{\Delta^{\ddagger} H_m}{RT}\right)$$

其中 $\Delta^{\ddagger} S_m$ 和 $\Delta^{\ddagger} H_m$ 分别叫做活化熵和活化焓。对于液相元反应和气相元反应，$\Delta^{\ddagger} H_m$ 分别为

$$\Delta^{\ddagger} H_m = E - RT$$

和
$$\Delta^{\ddagger} H_m = E - nRT$$

式中 n 是反应分子数。由此二式可知，在活化能不很小且温度不很高的情况下，可以用活化能近似代替活化焓。

14. 1-1 级对峙反应 $A \underset{k_2}{\overset{k_1}{\rightleftharpoons}} B$ 的净速率为

$$r = k_1 c_A - k_2 c_B$$

若反应由纯 A 开始且初始浓度为 a，则此方程的解为

$$\ln \frac{k_1 a}{k_1 a - (k_1 + k_2) c_B} = (k_1 + k_2) t$$

以上即是这类反应的速率方程。

15. 若 1-1 级平行反应

$$A \overset{k_1}{\underset{k_2}{\Big|}} \begin{matrix} B \\ C \end{matrix}$$

由纯 A 开始，且初始浓度为 a，则总反应的速率方程为

$$\ln \frac{a}{c_A} = (k_1 + k_2) t$$

在反应过程中,产物 B 和 C 的浓度始终保持以下关系:

$$\frac{c_B}{c_C} = \frac{k_1}{k_2}$$

16. 对 1-1 级连续反应 $A \xrightarrow{k_1} B \xrightarrow{k_2} C$,若由纯 A 开始且初始浓度为 a,则

$$c_A = a e^{-k_1 t}$$

$$c_B = \frac{k_1 a}{k_2 - k_1}(e^{-k_1 t} - e^{-k_2 t})$$

$$c_C = a \left(1 - \frac{k_2}{k_2 - k_1} e^{-k_1 t} + \frac{k_1}{k_2 - k_1} e^{-k_2 t} \right)$$

若两个速率系数 k_1 和 k_2 相差不太大,则反应过程中中间产物 B 的浓度存在极大值。具有极大值的反应时间为

$$t_{max} = \frac{\ln(k_2/k_1)}{k_2 - k_1}$$

此时 c_B 的极大值为

$$c_{B,max} = a \left(\frac{k_1}{k_2} \right)^{k_2/(k_2 - k_1)}$$

17. 催化剂活性 a 是衡量一个催化剂优劣的重要指标。a 有两种表示方法:一种为

$$a = \frac{m_p}{t m_c}$$

式中 m_p 和 m_c 分别为使用某催化剂时所生产出的产品的质量和所用催化剂的质量。所以 a 代表单位质量的催化剂在单位时间内所生产出产品的质量。该式主要用于生产过程;另一种为

$$a = \frac{k}{A}$$

其中 k 为反应速率系数,A 为固体催化剂的表面积。该式多用于科研工作。

18.
$$I = I_0 e^{-dc}$$

此式为 Beer-Lambert 定律的表示式,它描述溶液中某物质对光的吸收情况。式中 I_0 和 I 分别为入射光强度和透射光强度,c 为溶液中吸光物质的浓度,l 为溶液厚度。ε 为吸光系数,ε 值与系统的种类、温度和入射光的波长有关。

19. 量子产率 ϕ 的定义为

$$\phi = \frac{\text{起反应的反应物分子数}}{\text{吸收的光子数}}$$

ϕ 代表光子对光化学反应所起的作用的大小。

20.
$$\Delta c_A = \Delta c_{A,0} \cdot \exp\left(-\frac{t}{\tau}\right)$$

此式是 1-1 级对峙反应的弛豫方程,其中 $\Delta c_{A,0}$ 是初始偏差,Δc_A 是弛豫过程中任意时刻 t 时的偏差,τ 是弛豫时间。在只产生微扰的实验条件下,该式也适用于其他类型的对峙反应,所以它是微扰条件下的普遍化弛豫方程。

21. 对离子间反应 $A^{z_A} + B^{z_B} \rightarrow P$,其速率系数 k 与溶剂介电常数 ε 之间的关系为

$$\ln \frac{k}{k_0} = -\frac{Le^2}{\varepsilon RTa} z_A z_B$$

其中 L 和 e 分别是 Avogadro 常数和单位电荷电量;a 是离子的直径;k_0 是参考态(即无限稀薄溶液)时反应的速率系数,它是一个只与温度有关的常数;z_A 和 z_B 分别是两种反应离子的价数。

22. 对离子间反应 $A^{z_A} + B^{z_B} \rightarrow P$,其速率系数 k 与溶液离子强度 I 之间的关系为

$$\ln \frac{k}{k_0} = C z_A z_B \sqrt{I}$$

其中 k_0 是参考态(即无限稀薄溶液)时反应的速率系数,它是一个只与温度有关的常数;C 是只与温度有关的常数;z_A 和 z_B 分别是两种反应离子的价数。

9.3 思 考 题

9-1 对于均相等容化学反应 $0 = \sum_{B} \nu_B B$，反应速率写作 $r =$

$\dfrac{1}{\nu_B} \dfrac{dc_B}{dt}$。其中 r 与 B 具体选用哪种物质和方程式的写法有关吗？

9-2 元反应 $A + B \longrightarrow P$ 是否可写作 $2A + 2B \longrightarrow 2P$？

9-3 下列反应中，哪些不可能是元反应？

(1) $A + \dfrac{1}{2} B \longrightarrow P$；

(2) $3A + 2B \longrightarrow P$；

(3) $A \longrightarrow B + P$；

(4) $A + B \longrightarrow P$，速率系数 $k = 0.5 \, mol^{-0.5} \cdot m^{1.5} \cdot s^{-1}$；

(5) $C + D \longrightarrow P$，反应速率随温度升高而减小；

(6) $M + Q \xrightarrow{\text{催化剂}} P$。

9-4 反应分子数和反应级数的区别是什么？

9-5 对于一个气相反应，反应速率可写作

$$r_1 = \frac{1}{\nu_B} \frac{dp_B}{dt} \quad \text{或} \quad r_2 = \frac{1}{\nu_B} \frac{dc_B}{dt}$$

r_1 和 r_2 相同吗？两种速率方程中的速率系数相同吗？由 Arrhenius 公式、碰撞理论和过渡状态理论计算出的 k 是哪个速率系数？

9-6 若一个反应为零级反应，则表明参与反应的所有物质均不影响反应速率。这种说法对吗？

9-7 某反应中，反应物消耗掉 3/4 所需要的时间是消耗掉 1/2 所需时间的 2 倍，反应是几级反应？若是 3 倍呢？

9-8 若某反应进行完全所需要的时间是有限的且等于 c_0/k（c_0 为反应物的起始浓度），则此反应为几级反应？

9-9 若将反应①A＋B $\longrightarrow$ P 写作反应②2A＋2B $\longrightarrow$ 2P，则级数 $n_1=n_2$，速率系数 $k_1=k_2$，活化能 $E_1=E_2$，指前因子 $A_1=A_2$。上述结论成立吗？为什么？

9-10 在一定温度下，一级气相反应 A $\longrightarrow$ B＋C 在一容器中进行，若开始时只有反应物 A 且压力为 $p_{A,0}$，试证明容器压力 p 与反应时间 t 的关系为

$$\ln \frac{p_{A,0}}{2p_{A,0}-p}=kt$$

9-11 对反应 A＋2B $\longrightarrow$ P，以下结论是否正确？

(1) 若速率方程为 $-dc_A/dt=kc_A c_B^{0.5}$，即反应对 A 为一级，则 $\ln\{c_A\}$-t 必成直线关系；

(2) 若速率方程为 $-dc_A/dt=kc_A^{0.5}c_B^{0.5}$，即反应为一级，则 $\ln\{c_A\}$-t 必成直线关系；

(3) 若速率方程为 $-dc_A/dt=kc_B$，则①$\ln\{c_B\}$-t 必成直线，且直线斜率等于 $-k$；②$\ln\{c_A\}$-t 必成直线且斜率等于 $-k$。

9-12 试写出零级反应 3A $\longrightarrow$ P 的半衰期公式。

9-13 在 500K 时以分压随时间的变化率表示的速率系数为 $k_p=10^{-6}\,\mathrm{Pa}^{-1}\cdot\mathrm{s}^{-1}$，那么此气相反应以浓度随时间变化率表示的速率系数 k_c 应为多少？

9-14 自由基结合反应的速率与温度无关。此说法对吗？

9-15 对自由基结合反应 2Cl $\longrightarrow$ Cl$_2$，其临界能 E_c 可用公式 $E_c=E-\dfrac{1}{2}RT$ 计算吗？为什么？

9-16 对于任意对峙反应 R $\underset{k_2}{\overset{k_1}{\rightleftharpoons}}$ P，是否总有以下规律？

(1) k_1/k_2 与 $K^{\ominus}$ 成正比；

(2) E_1-E_2 约等于反应热。

9-17 当通过实验测定活化能时，为什么温度变化范围不可超过 500K？

9-18 当温度升高 50K 时,反应 1 和反应 2 的速率分别提高 2 倍和 3 倍。哪个反应的活化能大些?若此二反应有相同的指前因子,在相同温度时哪个的速率快些?

9-19 已知 2-2 级平行反应:

$$A \overset{k_1}{\underset{k_2}{\Big\langle}} \begin{matrix} B \\ D \end{matrix}$$

若反应从纯 A 开始,已知 $E_1 > E_2$,采用以下哪些措施能够改变产物 B 和 D 的比例?

(1) 提高反应温度;

(2) 延长反应时间;

(3) 加入适当的催化剂;

(4) 降低反应温度;

(5) 提高反应物 A 的初始浓度。

9-20 对连续反应:

$$A \xrightarrow{k_1} B \xrightarrow{k_2} C \xrightarrow{k_3} P$$

若 k_2 远远小于 k_1 和 k_3,当反应稳定之后,则整个反应的速率 r 可认为 $r = r_2 = r_3$。你如何理解这个结论?

9-21 碰撞理论的主要内容是什么?它适用于计算什么反应的速率系数?为什么计算值总是大于实验值?

9-22 过渡状态理论大意是什么?活化热力学函数 $\Delta^{\ddagger}G_m$,$\Delta^{\ddagger}S_m$ 和 $\Delta^{\ddagger}H_m$ 代表什么过程的热力学函数变?

9-23 在一定温度下,反应 $A + 3B \longrightarrow P$ 的速率方程为 $r = k[A]^{\alpha}[B]^{\beta}$,当 A 和 B 的初始浓度分别为 $300\text{mol} \cdot \text{m}^{-3}$ 和 $900\text{mol} \cdot \text{m}^{-3}$ 时,测得 B 的浓度每减少一半所需的时间均为 0.5h。根据这些事实,有人做如下推理:

(1) 因为 B 的半衰期等于常数,所以该反应对 B 为一级,即 $\beta = 1$;

（2）因为是一级反应且 $t_{1/2}=0.5\mathrm{h}$，所以反应的速率系数 $k=\dfrac{\ln2}{0.5}\mathrm{h}^{-1}$；

（3）反应速率 $r=k[\mathrm{A}]^{\alpha}[\mathrm{B}]^{\beta}=k\left(\dfrac{1}{3}[\mathrm{B}]\right)^{\alpha}[\mathrm{B}]^{\beta}=\dfrac{k}{3^{\alpha}}[\mathrm{B}]^{\alpha+\beta}$。

因为是一级反应，即 $\alpha+\beta=1$，所以 $\dfrac{k}{3^{\alpha}}=\dfrac{\ln2}{0.5}\mathrm{h}^{-1}$，即 $k=\dfrac{\ln2}{0.5}\times3^{\alpha}\mathrm{h}^{-1}$。

你如何评价上述三个推理结果？

9-24 对于吸热的对峙反应，不论从热力学（反应平衡位置）还是动力学（反应速率）来讲，升高反应温度都对正反应有利。这种说法有无根据？

9-25 有某平行反应：

$$\mathrm{A}\begin{cases}\xrightarrow{\ k_1\ }2\mathrm{B}\\[4pt]\xrightarrow{\ k_2\ }\mathrm{C}\end{cases}$$

（1）若反应 1 和反应 2 均为一级，那么[B]/[C]等于多少？

（2）若两个反应均为二级，那么[B]/[C]等于多少？

（3）若反应 1 为一级，反应 2 为二级，那么在反应过程中[B]/[C]保持常数吗？

9-26 以 I^- 为催化剂时反应 $2\mathrm{H_2O_2}\xrightarrow{\ k\ }2\mathrm{H_2O}+\mathrm{O_2}$ 的机理为：

$$\mathrm{H_2O_2}+\mathrm{I}^-\xrightarrow{\ k_1\ }\mathrm{H_2O}+\mathrm{IO}^-$$

$$\mathrm{H_2O_2}+\mathrm{IO}^-\xrightarrow{\ k_2\ }\mathrm{H_2O}+\mathrm{O_2}+\mathrm{I}^-$$

且 $k_1\ll k_2$。某人说：

（1）因为第一步是决速步，所以 $\mathrm{H_2O_2}$ 分解反应的速率等于第一步的速率，即

$$r=r_1=k_1[\mathrm{H_2O_2}][\mathrm{I}^-]=k[\mathrm{H_2O_2}][\mathrm{I}^-]$$

其中 $k=k_1$；

（2）因为第一步是决速步，所以第二步对整个反应速率不产生影响，因此由第一步知

$$\frac{\mathrm{d}[H_2O]}{\mathrm{d}t} = k_1[H_2O_2][I^-]$$

于是 $r = \frac{1}{2}\frac{\mathrm{d}[H_2O]}{\mathrm{d}t} = \frac{k_1}{2}[H_2O_2][I^-] = k[H_2O_2][I^-]$

其中 $k = k_1/2$。

你认为上述两种推导所得速率方程中的速率系数 k 值正确吗？

9-27 对于元反应，$\Delta^{\neq}G_m$，$\Delta^{\neq}S_m$ 和 $\Delta^{\neq}H_m$ 分别与 $\Delta_r G_m^{\ominus}$，$\Delta_r S_m^{\ominus}$ 和 $\Delta_r H_m^{\ominus}$ 相同吗？为什么？

9-28 如何找出平行反应：

$$A \left\{ \begin{array}{l} \xrightarrow{k_1} X \quad \text{一级反应} \\ \xrightarrow{k_2} Y \quad \text{二级反应} \\ \xrightarrow{k_3} Z \quad \text{三级反应} \end{array} \right.$$

中 $[X]$ 与 $[A]$ 的关系，请列出微分方程。

9-29 在 9-28 题的平行反应中，若 E_2 大于 E_1 和 E_3，$A_1 < A_2 < A_3$，且已知在 300K 时 k_2 小于 k_1 和 k_3。试问：

（1）为了提高 y 的产率，应如何控制反应温度？

（2）若升高反应温度，能否使得 k_2 大于 k_1 和 k_3？

9-30 溶液中有 1-1 级连续反应：

$$A \xrightarrow{k_1} B \xrightarrow{k_2} C$$

已知 $E_1 < E_2$。在温度 T_1 时 $k_1 \ll k_2$，在温度 T_2 时 $k_1 = 5k_2$。试问：

（1）T_2 大于还是小于 T_1？

（2）若 B 是你所需要的产品，反应温度选 T_1 还是 T_2？为什么？

（3）若反应在 T_2 下进行，此时 $k_1 = 6.706 \times 10^{-2}\,\mathrm{min}^{-1}$，为了得到较多的产品 B，最适宜的反应时间是多少？

9-31 反应 $H_2 + I_2 \rightarrow 2HI$ 的机理为：

$$I_2 \underset{k_{-1}}{\overset{k_1}{\rightleftharpoons}} 2I \cdot \qquad 快$$

$$H_2 + 2I \cdot \xrightarrow{\ k_2\ } 2HI \qquad 慢$$

由此可得如下结论：

(1) 因为反应 2 为决速步，据平衡假设，反应 1 处于平衡，所以 $[I_2]$ 和 $[I \cdot]$ 均不随时间而变化；

(2) 因机理中三个反应均与自由基有关，所以 HI 合成反应是链反应。

你如何评价以上两个结论？

9-32 催化剂是如何改变反应速率的？

9-33 下列关于催化剂的说法，哪些是正确的？

(1) 催化剂不参与化学反应；

(2) 能使化学反应大大加速的物质就是催化剂；

(3) 催化剂参与了化学反应，而在反应过程中又被重新再生；

(4) 催化剂能改变化学反应的①机理；②平衡转化率；③活化能；④$\Delta_r G_m$；⑤$\Delta_r G_m^\ominus$；⑥等压反应热。

9-34 对于对峙反应：

$$R \underset{k_2}{\overset{k_1}{\rightleftharpoons}} P$$

为了加强正反应（或抑制逆反应），有人建议利用催化剂的选择性，使用一种正反应的催化剂来达到目的。这种建议是否可行？

9-35 某 1-1 级平行反应：

$$A \begin{cases} \xrightarrow{k_1} B \\ \xrightarrow{k_2} C \end{cases}$$

已知反应由 A，B 和 C 的混合物开始，此时的初始浓度分别为 a, b 和 c。试写出反应过程中

(1) c_A 与 t 的关系；

(2) c_B 与 c_C 的关系。

9-36 一级反应：

$$A \xrightarrow{k_1} P$$

在一定温度下分别由如下两种配方进行：①由纯 A 开始，初始浓度为 a；②由 A 和 P 混合物开始，初始浓度分别为 a 和 b。

(1) 以上两个样品在反应过程中的 $c_A\text{-}t$ 关系相同吗？为什么？

(2) 若上述反应是 1-1 级对峙反应（逆反应的速率系数为 k_2），以上两个样品在反应过程中的 $c_A\text{-}t$ 关系相同吗？为什么？

9-37 因为光化学反应的速率受温度影响较小（与热化学反应相比），所以光化学反应一定具有较低的活化能。这种说法有无道理？

9-38 由于光子的能量大小不同，当光照射到系统上时，可引起许多不同的作用。下列什么作用不可能发生？

(1) 使系统温度升高；

(2) 使分子活化；

(3) 发荧光；

(4) 催化作用。

9-39 对于元反应 $Cl_2 + h\nu \longrightarrow 2Cl\cdot$，其速率方程能否写作 $-d[Cl_2]/dt = k[Cl_2]I_a$？为什么？

9-40 在光的作用下 O_2 变成 O_3。实验得知每吸收 3.011×10^{23} 个光子可生成 $1mol\ O_3$，因此该光化学反应的量子产率为：(1)1；(2)2；(3)3；(4)4。以上结论中哪个正确？

9-41 在推测一个反应的机理之前，需要做哪些准备工作？在具体拟定反应机理的时候，需要考虑哪些因素？

9-42 什么是弛豫过程和弛豫方法？在扰动微小时，普遍化的弛豫方程是什么？

9-43 在研究溶剂效应时，一般采用什么研究方法？

思考题解答辅导

前面各章中的大部分思考题皆与物理化学的概念有关,其中许多是初学者往往搞不清楚的问题。为了帮助读者思考解答,以下将部分难度较大的题目予以提示辅导。

第 1 章

1-1 根据 Joule 定律:对于一定量、一定组成的理想气体,内能只是温度的函数。即在简单物理过程中,理想气体的 ΔU 只取决于过程的 ΔT。不能将此结论应用于相变和化学反应。本题中的水蒸气虽是理想气体,但等温过程是相变(液体气化)过程,所以 $\Delta U \neq 0$;另外,公式 $Q_p = \int_{T_1}^{T_2} C_p \mathrm{d}T$ 适用于等压简单变温过程,不能用于相变和化学反应。

1-2 可逆过程的体积功 $W = \int_{V_1}^{V_2} p \mathrm{d}V$,即 W 可用 p-V 图中曲线下的面积表示;在 p-V 坐标平面上,同一点处绝热线比等温线更陡(为什么?)。

1-4 微分式 $\mathrm{d}U = \left(\dfrac{\partial U}{\partial T}\right)_V \mathrm{d}T + \left(\dfrac{\partial U}{\partial V}\right)_T \mathrm{d}V$ 只适用于双变量系统,即适用于封闭系统中的简单物理过程。公式 $C_V \mathrm{d}T = \delta Q$ 只适用于等容简单变温过程。所以题中公式 $\mathrm{d}U = \delta Q + \left(\dfrac{\partial U}{\partial V}\right)_T \mathrm{d}V$ 只适用于等容简单变温过程(即其中 $\left(\dfrac{\partial U}{\partial V}\right)_T \mathrm{d}V = 0$);而第一定律表

达式 $dU = \delta Q - p_{\text{外}} \, dV$ 可用于没有非体积功的任何过程,所以不能将它与前式比较。

1-5 一个过程是否可逆,不是以进行得快慢来区分的。可逆过程的本质是无限接近于平衡。当拔除一个销卡后气体膨胀时,气体与环境不呈平衡,所以每一个微小的膨胀过程均是不可逆的。即整个过程是由许许多多个不可逆微小过程组成的。

1-7 原子蜕变反应及热核反应均与环境交换射线,即这类反应具有非体积功。当有非体积功时,$\Delta_r H_m$ 不等于热效应。

1-9 此过程是恒外压过程,不是等压过程,所以 $\Delta H \neq Q$。

1-10 此题目中没有明确指定系统。一般情况下,有两种选择系统的方法:① 以气体为系统。此时 $Q_p \neq 0$;② 以气体和电阻丝为系统。此时环境对系统做电功,所以 $\Delta H \neq Q_p$。

1-11 此过程中,$p_1 = p_2 = 101325\text{Pa}$,而 $p_{\text{外}} = 0$,所以不是等压过程,因此 $p \Delta V \neq W$。

1-12 以(b)为例。在 BC 所在的垂直虚线上,越靠上的点所代表的系统的内能越高(为什么?);设绝热不可逆过程为 AD,与 AC 相比,$W_{AD} < W_{AC}$,所以 $U_D > U_C$,即 D 应在 C 之上。若过程 AD 与 AB 相比:因为 $\Delta_A^D U = -W_{AD}$,而 $W_{AD} \geqslant 0$(膨胀过程),所以 $\Delta_A^D U \leqslant 0$,即 $U_D \leqslant U_A$,也可写作 $U_D \leqslant U_B$(因为 $U_A = U_B$),因此 D 在 B 之下或与 B 重合。同时考虑以上两个结论可知:D 应在 BC 之间或与 B 重合。

1-13 (1)若选进入容器的空气及真空容器为系统,则此恒外压过程的功 $W = p_{\text{外}} \, \Delta V = pV(\text{g}) = 101325\text{Pa} \times (1 \times 10^{-3})\text{m}^3 = 101.325\text{J}$;(2)功是指系统与环境之间一种能量交换方式,系统内部无功可言。

1-18 两个结论所指的系统、状态及过程特点均不相同。

1-19 孤立系统的内能 U 不可能变化。但有无焓变 ΔH,要具体计算:$\Delta H = \Delta U + \Delta(pV) = V\Delta p$,所以孤立系统中只要有压

力变化,就有焓变。

1-22 第(2)题为孤立系统。

1-27 公式 $\Delta U = -W$ 是绝热过程的第一定律表示式,所以适用于任意绝热系统。

1-33 此系统为孤立系统,ΔH 应具体计算。利用 H 是容量性质,将问题化成两个简单问题:

$$\Delta H = \Delta H_{左} + \Delta H_{右} = C_{p,左} \Delta T_{左} + C_{p,右} \Delta T_{右}$$

1-35 状态函数变与过程可逆与否无关;因为过程Ⅰ和Ⅱ均为等压且无非体积功的过程,所以 $Q_1 = \Delta H_1$,$Q_2 = \Delta H_2$。

1-36 由于两过程的末态(理想气体)温度相同,所以它们的内能和焓分别相同。

第 2 章

2-4 由熵增加原理可知,绝热可逆过程熵不变,而绝热不可逆过程熵增加。可见这两个过程的末态熵值不同,即这两个末态不可能是同一个状态。

2-5 任何绝热过程都不能引起熵值减少。

2-8 熵判据只适用于绝热系统或孤立系统。

2-9 $\Delta_r H_m^{\ominus}$ 与 T 无关,就意味着 $\dfrac{\mathrm{d}\Delta_r H_m^{\ominus}}{\mathrm{d}T} = \Delta_r C_{p,m}^{\ominus} = 0$,即反应前后不引起热容变化。所以 $\dfrac{\mathrm{d}\Delta_r S_m^{\ominus}}{\mathrm{d}T} = \dfrac{\Delta_r C_{p,m}^{\ominus}}{T} = 0$,即 $\Delta_r S_m^{\ominus}$ 不随温度变化。

2-11 公式 $\Delta S = \dfrac{\Delta H}{T}$ 只适用于等温等压无非体积功的可逆过程。而以 $\Delta_r H_m^{\ominus}$ 为反应热的化学反应都是不可逆的(为什么?)。

2-12 参考 2-4 题辅导。

2-13 根据环境熵变的计算公式 $\Delta S_{环} = -\dfrac{Q}{T_{环}}$，一般来说 $Q_{I} \neq Q_{II}$，所以一般 $\Delta S_{环(I)} \neq \Delta S_{环(II)}$。

2-14 根据热力学第二定律，封闭系统中不可能发生熵变小于热温商的过程。

2-16 Gibbs 函数判据只适用于封闭系统中的等温等压且无非体积功的过程。

2-18 公式 $\delta W = p\mathrm{d}V$ 只适用于可逆过程。

2-19 公式 $\mathrm{d}G = -S\mathrm{d}T + V\mathrm{d}p$，只适用于双变量封闭系统的任意过程。而对于相变和化学反应，若为不可逆过程，则不能使用。

2-20 在一定温度和压力下的同种物质 $S_{m}(g) > S_{m}(l)$。

2-21 (1) $\Delta G > 0$

(2) 该过程与上题的末态不同。

2-23 公式 $\mathrm{d}G = -S\mathrm{d}T + V\mathrm{d}p$ 不适用于有非体积功的情况。

2-24 单组分均相系统服从 $\mathrm{d}U = T\mathrm{d}S - p\mathrm{d}V$，因为 $\mathrm{d}U > 0$，即 $T\mathrm{d}S - p\mathrm{d}V > 0$。所以 $\mathrm{d}S > \dfrac{p}{T}\mathrm{d}V$，即 $\Delta S > \displaystyle\int_{V_1}^{V_2} \dfrac{p}{T}\mathrm{d}V$。

2-25 (1) 在绝热向真空膨胀过程中内能保持不变，即为等内能过程。为确定温度的变化情况，只须知道 $\left(\dfrac{\partial T}{\partial V}\right)_{U}$ 的符号即可。由链关系

$$\left(\frac{\partial T}{\partial V}\right)_{U}\left(\frac{\partial V}{\partial U}\right)_{T}\left(\frac{\partial U}{\partial T}\right)_{V} = -1$$

可知

$$\left(\frac{\partial T}{\partial V}\right)_{U} = -\frac{1}{\left(\dfrac{\partial V}{\partial U}\right)_{T}\left(\dfrac{\partial U}{\partial T}\right)_{V}} = -\frac{\left(\dfrac{\partial U}{\partial V}\right)_{T}}{\left(\dfrac{\partial U}{\partial T}\right)_{V}}$$

$$= -\frac{T\left(\dfrac{\partial p}{\partial T}\right)_{V} - p}{C_{V}}$$

于是由状态方程可求得 $\left(\dfrac{\partial T}{\partial V}\right)_U$。

（2）节流过程的温度如何变化由 Joule-Thomson 系数 $\mu_{\text{J-T}}$ 描述，所以只要知道 $\mu_{\text{J-T}}$ 的符号即可。

$$\mu_{\text{J-T}} = -\frac{1}{C_p}\left(\frac{\partial H}{\partial p}\right)_T = -\frac{1}{C_p}\left[V - T\left(\frac{\partial V}{\partial T}\right)_p\right]$$

于是由状态方程可求得 $\mu_{\text{J-T}}$。

2-26　（3）公式 $\Delta S = \dfrac{\Delta H}{T}$ 适用于等温等压且无非体积功的可逆过程。

（4）实际气体的节流膨胀服从 $\mathrm{d}H = T\mathrm{d}S + V\mathrm{d}p$。

（5）
$$\Delta S = S_2 - S_1 = -S_1 - (-S_2)$$
$$= \left(\frac{\partial G_1}{\partial T_1}\right)_{p_1} - \left(\frac{\partial G_2}{\partial T_2}\right)_{p_2}$$

若初末态的温度 T 和压力 p 分别相等，即 $T_1 = T_2 = T$，$p_1 = p_2 = p$，则上式为

$$\Delta S = \left[\frac{\partial (G_1 - G_2)}{\partial T}\right]_p$$

即
$$\Delta S = \left[\frac{\partial (-\Delta G)}{\partial T}\right]_p$$

可见此公式适用于 $T_1 = T_2$，$p_1 = p_2$ 的过程。

2-28　因为 $\dfrac{\delta Q_{\text{ir}}}{T} \neq \mathrm{d}S$，所以 $\dfrac{\delta Q_{\text{ir}}}{T}$ 不是微分，因而 $\dfrac{\delta Q_{\text{ir}}}{T}$ 不可进行积分运算。

2-31　在等温过程中，理想气体 ΔU 和 ΔH 皆等于零。

2-34　公式 $\Delta S = Q/T$ 要求过程等温可逆；公式 $Q = \Delta H$ 要求过程等压且无非体积功。等温等压下为使化学反应可逆，最常用的方式是可逆电池。

2-36　参阅 2-26 题辅导。

2-40 此系统的 ΔH 取决于压力的变化(为什么?);该过程为绝热不可逆过程(为什么?)。

2-41 对节流过程来说,不论其结果是引起系统的温度降低还是升高,都一定是绝热不可逆过程。

2-44 熵判据适用于孤立系统。因该反应系统不是孤立系统,所以只能重新划定成孤立系统,即 $\Delta S_孤 = \Delta S + \Delta S_环$,用 $\Delta S_孤$ 判断过程是否可逆。

2-45 容器中的反应是等温等容且无非体积功的自发过程。电池中的反应是等温等压的可逆过程。两过程具有相同的 ΔA 且据 Helmholtz 函数减少原理知

$$\Delta A < 0$$

即 $\qquad\qquad \Delta U - T\Delta S < 0 \qquad$ (因为过程等温)

其中 $\qquad\qquad \Delta U = a \text{ J} \cdot \text{mol}^{-1} \qquad$ (因为过程等容且无非体积功)

$\qquad\qquad T\Delta S = b \text{ J} \cdot \text{mol}^{-1}$(因为过程等温可逆)

于是前式写作:

$$a - b < 0$$

此题解答方法很多,可以从不同角度分析考虑。例如还可从 Clausius 不等式考虑;也可由热力学第一定律分析等。请读者自己思考。

2-48 该过程不是等压过程,也不是可逆过程。

2-49 过程 Ⅱ 是等温等压可逆过程,所以该过程的功等于 $-\Delta A$,电功等于 $-\Delta G$。

2-50 对于任意等温反应,应服从 $\Delta G^\ominus = \Delta H^\ominus - T\Delta S^\ominus$,其中 $\Delta G^\ominus$,$\Delta H^\ominus$ 和 $\Delta S^\ominus$ 均对应反应温度 T。而在题中的近似公式中,是将上式中任意温度 T 时的 $\Delta H^\ominus$ 和 $\Delta S^\ominus$ 分别用 298K 时的标准焓变和标准熵变来替代,即认为 $\Delta H^\ominus$ 和 $\Delta S^\ominus$ 不随温度而变化。显然只有当产物与反应物的定压热容相同时这种做法才是正确的。

2-53 在此题中系统的状态变化为

$$H_2O(l,110℃,101325Pa)\longrightarrow H_2O(g,110℃,101325Pa)$$

一般来说,此二状态之间存在如下两种可逆途径:①等压可逆(但过程不等温),该过程不能用公式 $\Delta S = Q_r/T$;②等温可逆(但过程不等压),该过程 $Q_r \neq Q_p$,即 $Q_r \neq \Delta H$。

对于相变过程,公式 $\Delta S = \Delta H/T$ 只适用于那些等温等压下的可逆相变。而在本题中给定的两个状态之间不存在这样的变化。

2-55 对于封闭系统中的任意过程,熵变与热的关系一定服从

$$dS \geqslant \frac{\delta Q}{T_{环}}。$$

2-60 在过程 Ⅰ 和 Ⅱ 中,系统的状态变化完全相同,所以两过程中系统的熵变相等。但两过程中环境熵变不同。

2-65
$$\left(\frac{\partial G}{\partial p}\right)_T = \left[\frac{\partial(H-TS)}{\partial p}\right]_T$$
$$= \left(\frac{\partial H}{\partial p}\right)_T - T\left(\frac{\partial S}{\partial p}\right)_T = -T\left(\frac{\partial S}{\partial p}\right)_T$$

2-67 公式 $\Delta_{mix}S = -R\sum_B n_B \ln x_B$ 只适用于等温等压下不同理想气体的混合过程。

第 3 章

3-6 两个结论对应着不同的前提条件。

3-12 U 的值是相对的,任何求 U 的公式都是对某种规定而言的。此题公式中的 U 值是相对于量子力学中分子能级公式中能量零点规定而言的。

3-13 两种结论的前提条件不同。

3-14　分子平动能与 V 有关。

3-16　随 N 值增大, V 也增大,能级数会随之增大。

第 4 章

4-5　在蒸气压-组成图(即 $p_A\text{-}x_A$ 图)上大致画出溶液的 p_A 曲线,该曲线位于曲线 $p_A=p_A^*x_A$ 和曲线 $p_A=kx_A$ 之间。表明溶液中的 A 对 Raoult 定律和 Henry 定律的偏差情况相反。

4-11　空气湿度是指空气中水蒸气的分压与该温度时水的饱和蒸气压之比。

4-12　集合公式只适用于偏摩尔量。

4-13　理想溶液没有溶解度的概念。反过来,若假设形成两共轭溶液 α 和 β,则必满足 $\mu_A(\alpha)=\mu_A(\beta)$, $\mu_B(\alpha)=\mu_B(\beta)$。由理想溶液的化学势表示式可知: $x_A(\alpha)=x_A(\beta)$, $x_B(\alpha)=x_B(\beta)$,表明两层溶液的组成完全相同,即两层溶液实为同一溶液,所以共轭溶液的假设是不成立的。

4-18　相平衡时化学势相等;化学势随温度升高而减小,随压力升高而增大。

4-21　在无限稀薄的非理想溶液中,溶剂的偏摩尔焓等于纯溶剂的摩尔焓,溶质的偏摩尔焓不等于纯溶质的摩尔焓。

4-25　(2)纯液体的蒸气压是液体的性质,所以蒸气压是液体温度和压力的函数。

4-26　在此水溶液中,NaCl 全部电离。所以该溶液实际是 Na^+ 和 Cl^- 的水溶液。该溶液的蒸气压 $p(H_2O)=p^*\,x(H_2O)=p^*[1-x(Na^+)-x(Cl^-)]=p^*[1-2x(NaCl)]$。

4-29　规定 Ⅱ、Ⅲ 和 Ⅳ 的标准状态都是假想态。但并非它们的所有性质都是假想的(例如它们的组成)。从本质上说,它们中的分子间力是假想的,即认为它们中的 B 分子与周围分子的相互作用恰与无限稀薄溶液中的 B 分子的情况相同。因此那些只由分子间力决定的性质与无限稀薄溶液中相同,但与组成有关的性质将不同于无限稀薄溶液。

4-30 在通常情况下,只有很稀的溶液中的溶质才服从 Henry 定律 $p_B = k_x x_B$。在很稀的溶液中,由于其他浓度(如 b_B 和 c_B)均与 x_B 成正比,所以 Henry 定律也可写作如下多种形式:例如 $p_B = k_b b_B / b^\ominus$ 和 $p_B = k_c c_B / c^\ominus$。本题中的两种标准状态的组成分别为 $x_B = 1$ 和 $b_B = 1 \text{mol} \cdot \text{kg}^{-1}$。两者均不是稀薄溶液,所以它们若服从 Henry 定律就只能有一种形式,即前者服从 $p_B = k_x x_B$,而后者服从 $p_B = k_b b_B / b^\ominus$。

4-31 参阅 4-5 题辅导。

4-34 理想溶液的通性,是指在等温等压条件下由纯液体配制理想溶液时,$\Delta H = 0$,$\Delta V = 0$,$\Delta S = -R \sum\limits_B n_B \ln x_B$,$\Delta G = RT \sum\limits_B n_B \ln x_B$。

4-35 在此过程中,溶液中有 4mol 水变成水蒸气,同时有 1mol B 从溶液中析出。系统的焓变等于以上两个变化的焓变之和,即 $\Delta H = \Delta H(H_2O) + \Delta H(B)$。由于溶液是理想溶液,所以其中水的偏摩尔焓等于纯水的摩尔焓,其中 B 的偏摩尔焓等于纯 B 液体的摩尔焓。因此上式中的 $\Delta H(H_2O)$ 等于纯水气化过程的焓变,$\Delta H(B)$ 等于纯液态 B 凝固过程的焓变。

4-36 在温度 T 和压力 p 下,气体 B 与其溶液平衡共存,即

$$B(g, T, p) \Longrightarrow B(sln, T, p, x_B)$$

此溶液的 x_B 就是该温度和压力下气体 B 的溶解度。由以上平衡关系知

$$\mu_B(g) = \mu_B(sln)$$

两端取微分　　　　　　　$$d\mu_B(g) = d\mu_B(sln)$$

即
$$-S_B(g)dT + V_B(g)dp$$
$$= -S_B(sln)dT + V_B(sln)dp + RTd\ln x_B$$

在一定压力下 $-S_B(g)dT = -S_B(sln)dT + RTd\ln x_B$

整理得
$$\left(\frac{\partial \ln x_B}{\partial T}\right)_p = \frac{S_B(sln) - S_B(g)}{RT}$$

$$\left(\frac{\partial \ln x_B}{\partial T}\right)_p = \frac{\Delta S_m}{RT}$$

$$\left(\frac{\partial \ln x_B}{\partial T}\right)_p = \frac{\Delta H_m}{RT^2}$$

$$\left(\frac{\partial \ln x_B}{\partial T}\right)_p = \frac{\Delta_g^l H_{m,B}}{RT^2} < 0$$

此结果表明,在一定压力下,x_B 随 T 增大而减小,即气体溶解度随温度升高而降低。

用类似方法可对固体溶解度进行证明。

4-38 导出公式 $\ln x_A = \frac{\Delta_s^l H_{m,A}}{R}\left(\frac{1}{T_f^*} - \frac{1}{T_f}\right)$ 的前提之一是将溶液中溶剂 A 的化学势表示成

$$\mu_A = \mu_A^\ominus + RT\ln x_A + \int_{p^\ominus}^p V_{m,A}dp$$

4-39 在非理想溶液公式 $\Delta_{mix}G = n_A RT\ln a_A + n_B RT\ln a_B$ 中,A 和 B 的标准状态分别为 $T, p^\ominus$ 下的纯液态 A 和纯液态 B。而在稀溶液公式 $a_B = x_B$ 中 B 的标准状态与上面的选法不同。因此以上两公式中的 a_B 具有不同意义。

4-40 公式 $p_B = k_x x_B$ 和 $p_B = k_b b_B/b^\ominus$ 均只适用于稀薄溶液。对于 $b_B^\ominus = 1\text{mol}\cdot\text{kg}^{-1}$ 且服从 Henry 定律的标准状态,只服从公式 $p_B = k_b b_B/b^\ominus$。请参阅 4-30 题辅导。

4-42 参阅 4-13 题辅导。

4-44 标准状态的压力永远是标准压力,它与系统的压力大小无关。

4-49　在理想溶液中,B 分子的受力情况与纯态时相同,所以由分子间力决定的性质与纯态时相同。

4-50　参阅 4-49 题辅导。

4-51　理想稀薄溶液中的溶质 B 与其标准状态都遵守 Henry 定律,所以两种情况下 B 分子的受力情况相同,但两者的组成不同。所以那些仅由分子间力决定的性质,对两者来说是相同的,而与组成有关的性质,对两者来说是不同的。

4-52　在此过程中只有溶解的 1mol NH$_3$ 发生了状态变化,因此此过程的 ΔG 完全由这 1mol NH$_3$ 的状态变化来决定。计算 ΔG 时需在 NH$_3$ 初末状态之间设计新的途径。

4-54　这种说法对于第二个公式来说是错误的。

4-56　系统中只有流过半透膜的 1mol A 发生了状态变化,所以 ΔG 只取决于这 1mol A 的初末状态。由组成可知,溶液 1 和溶液 2 均系理想稀薄溶液。

4-57　在理想溶液中,任意组分的蒸气分压均与组成呈直线关系。在题中的各溶液中,当 $x_B \rightarrow 1$ 时 B 均遵守 Raoult 定律;当 $x_B \rightarrow 0$ 时 B 均遵守 Henry 定律。

4-58　两种标准状态的选法相同,但两个标准状态不是同一个状态。

第 5 章

5-4　(2) 若认为系统中有 5 个物种(Na$^+$,Cl$^-$,K$^+$,NO$_3^-$ 和 H$_2$O),则系统中存在一个浓度限制条件: [Na$^+$]+[K$^+$]=[Cl$^-$]+ [NO$_3^-$]。

5-5　(3) $\mu(O_2,左) \neq \mu(O_2,右)$, $\mu(N_2,左) \neq \mu(N_2,右)$。

(4) 蔗糖在两个溶液中的化学势不同。

只有相平衡系统方遵守相律。

5-8 （2）溶液中蔗糖 B 的化学势 μ_B 随 x_B 增大而增大,随压力 p 增大而增大。

5-9 浓度限制条件系指固定不变的浓度关系。当温度或压力变化时,关系 $c_B(\alpha) = 2c_B(\beta)$ 即不再成立。

5-10 平衡常数 $K^\ominus$ 不是固定不变的,它随温度而变。另外,把平衡常数当作平衡浓度关系式也是不严格的。

5-13 沸腾时液体从内部气化,所以是液体高速气化的过程。

5-14 讨论系统的具体相变情况时,主要依据是系统的相图。

5-16 系统的组分数仅仅是针对一定条件而言的。若改变某些条件致使系统中发生复相反应,就有可能改变系统的组分数。例如,在较低的温度范围内,$CaCO_3(s)$ 是单组分系统。当温度升高后,$CaCO_3$ 便分解出 $CaO(s)$ 和 $CO_2(g)$,这时系统就成为二组分系统。

5-17 （1）当加入食盐以后,物系点位于三相线上时才能达到平衡(为什么?)。

考虑相变问题要依据相图。

5-18 剩余物的温度为 T_2,其相点在液相线上。

5-19 预测相变时不能脱离相图。不论 A-B 系统的气-液相图具体模样如何,加压过程中系统的相变情况都不可能如题中所述。

5-20 （1）克-克方程所适用的系统是纯物质的气-液平衡或固-气平衡。

（2）对给定的溶液,组成 $x_B,x_C\cdots$ 不变。所以组分 B 的蒸气分压 p_B 随温度的变化率为 $\left(\dfrac{\partial p_B}{\partial T}\right)_{x_B,x_C\cdots}$。为了便于比较,可将变化率写作 $\left(\dfrac{\partial \ln\{p_B\}}{\partial T}\right)_{x_B,x_C\cdots}$。对于不同的溶液或同一溶液中的不同组分,该变化率的求法不同。对于理想溶液中的任意组分和理

想稀薄溶液中的溶剂,该变化率与克-克方程具有相同形式。

（3）参阅 5-16 题辅导。

（4）利用相图讨论。

5-23 共轭溶液是指两个组分相同但组成不同的平衡共存溶液。所以若 l(M) 与 l(N) 形成共轭溶液,必须满足

$$\mu_A(M) = \mu_A(N)$$
$$\mu_B(M) = \mu_B(N)$$

为讨论问题方便,设化合物 C 为 AB。液相 l(M) 与 C 平衡,具体是指溶液 M 中的 A 和 B 与化合物 AB 呈平衡,即

$$A(M) + B(M) \Longrightarrow AB(s)$$

据化学反应的平衡条件,得

$$\mu_A(M) + \mu_B(M) = \mu_{AB} \qquad\qquad (1)$$

由于溶液 N 也与化合物 AB(s) 呈平衡,同理可得

$$\mu_A(N) + \mu_B(N) = \mu_{AB} \qquad\qquad (2)$$

比较（1）式和（2）式,可得

$$\mu_A(M) + \mu_B(M) = \mu_A(N) + \mu_B(N)$$

这就是 l(M) 与 l(N) 两个液相的关系。由此无法得出形成共轭溶液的条件。

将 l(M) 和 l(N) 倒入同一容器之后,物系点必在 M 和 N 两个相点的连线上,且位于 M 和 N 之间。

5-24 两种结果都是错误的。两种方法中,套用公式时均没考虑公式的适用条件,也没注意公式中各物理量的意义(具体错在哪些地方?)。

由题意可知,该溶液是理想溶液,其冰点为 258.2K;由冰点降低情况可知,该溶液不可能是稀薄溶液。

5-25 根据所给数据画出相图草图,然后由相图进行讨论。

5-26、5-27 此二题中的相图均为等压相图,即它们只能用于讨论系统中等压过程的状态变化。而等压过程是指系统初末态压

力均等于外压且外压保持不变的过程。题目中的两种气化过程均不是等压过程。

5-30 当气-液平衡时,同一组分在两相中的化学势相等。由此讨论两个气相的关系。

第 6 章

6-4 同一个化学反应的 $\Delta_r G_m^\ominus$ 和 $\Delta_r G_m$ 物理意义、数学意义、数值和用途均不相同。

6-6 在一定温度和压力下,若反应系统中没有混合过程,则反应的 $\Delta_r G_m$ 等于常数。若 $\Delta_r G_m < 0$,反应便一直进行,直至反应物全部转化成产物,系统便到达了 Gibbs 函数最低的状态。

6-8 $K^\ominus$ 等于平衡时的活度积,是平衡位置的标志,表示式为 $K^\ominus = \prod_B (a_B^{eq})^{\nu_B}$。$J$ 等于反应系统中实际的活度积,表示式为 $J = \prod_B a_B^{\nu_B}$。当化学反应达平衡时二者相同,即 $K^\ominus = J^{eq}$。

6-12 平衡移动实质上是反应方向问题。即平衡如何移动由 $\Delta_r G_m$ 来决定:$\Delta_r G_m < 0$,则平衡向正反应方向移动。$\Delta_r G_m > 0$,则平衡向逆反应方向移动。由此可见,平衡移动不能用 $K^\ominus$ 来判断,而应用 $\Delta_r G_m$。

6-13 $\Delta_r C_{p,m} = 0$,意味着 $\Delta_r H_m$ 不随温度变化。

6-17 对于指定的反应,$K^\ominus$ 和 $\Delta_r G_m^\ominus$ 只是温度的函数。

6-20 $\Delta_r G_m^\ominus$ 是指所有参与反应的理想气体都是 $p^\ominus$ 的纯态气体,这与反应系统的压力等于 $p^\ominus$ 不同。

6-25 $K^\ominus$ 只是温度的函数,而 α 则与反应温度、压力及原料等多种因素有关。

6-27 $$PCl_5 \Longrightarrow PCl_3 + Cl_2$$

平衡气体中: $\quad\dfrac{1}{3}p^{\ominus}\quad\dfrac{1}{3}p^{\ominus}\quad\dfrac{1}{3}p^{\ominus}$

由此求得 $K^{\ominus}=\dfrac{1}{3}$。加入 Cl_2 之后,新状态下各气体分压分别为 $\dfrac{1}{6}p^{\ominus}$、$\dfrac{1}{6}p^{\ominus}$ 和 $\dfrac{2}{3}p^{\ominus}$,此时反应的 $J=\dfrac{2}{3}$。可见 $J>K^{\ominus}$,所以平衡向左移动,致使 PCl_5 的离解度减小。

6-29 对于标准状态下的反应,$\Delta_r H_m^{\ominus}$ 是反应热,$\Delta_r H_m^{\ominus}>0$ 表明是吸热反应。据热力学第二定律,该反应不可能引起熵值减少。

6-33 对于指定的反应,$\Delta_r G_m^{\ominus}$ 和 $K^{\ominus}$ 只与温度有关,而 $\Delta_r G_m$ 与反应的 T,p 和系统组成有关。

6-34 在此条件下反应 $CaCO_3(s)\!=\!\!=\!\!=\!CaO(s)+CO_2(g)$ 的 $K^{\ominus}>J$,所以反应一直进行到底为止。

6-35 $K^{\ominus}$ 只是温度的函数。对低压气相反应,$K^{\ominus}=\prod_B(p_B^{eq}/p^{\ominus})^{\nu_B}$;对高压气相反应 $K^{\ominus}=\prod_B(f_B^{eq}/p^{\ominus})^{\nu_B}=\prod_B(p_B^{eq}/p^{\ominus})^{\nu_B}\cdot\prod_B\gamma_B^{\nu_B}$。

若在 $p^{\ominus}$ 下平衡混合物中气体 A,B 和 C 的分压分别为 p_1,p_2 和 p_3,则将压力增大到 $100p^{\ominus}$ 时的新状态下各分压分别为 $100p_1$、$100p_2$ 和 $100p_3$。若求出此状态时的 J,与 $K^{\ominus}$ 比较后即可判断平衡移动情况。

6-36 由平衡组成可计算出 $K^{\ominus}$。

(1) 往平衡系统中加入 $0.1mol\ N_2$ 后,新状态由 $4.1mol\ N_2$、$1mol\ H_2$ 和 $1mol\ NH_3$ 组成。求出此时反应的 J,与 $K^{\ominus}$ 比较即可得知平衡移动情况。

(2) 方法与(1)相同。

第 7 章

7-1 任何电极上析出物质都要遵守 Faraday 定律。本题中的电量为 $(5mol+6mol)F$。

7-2　（2）应用公式 $\alpha = \Lambda_m / \Lambda_m^\infty$ 时，要满足 $u_+ = u_+^\infty$，$u_- = u_-^\infty$ 的条件。

（3）Λ_m^∞ 不仅要求离子间无静电作用，还要求 1mol 电解质完全电离。而 Λ_m 则是电解质的实际摩尔电导率。

（4）溶液中未电离的 HAc 的活度系数应按非电解质对待。

7-6　在多电解质溶液中，$b_\pm$（KCl）是指该溶液中 b（K^+）与 b（Cl^-）的几何平均值。其他可以类推。

7-7　定义式 $I = \dfrac{1}{2} \sum_B b_B z_B^2$ 中，b_B 代表溶液中离子 B 的实际浓度。

7-8　（3）除非强电解质溶液的浓度极稀，否则此式不可能成立。

7-9　等温等压下可逆过程的 $\Delta G = 0$，是在没有非体积功条件下的结论。若此过程有非体积功 W'，则 $\Delta G = -W'$。

7-12　若改变物质的标准状态，$E^\ominus$ 值会改变。E 是电池的性质，其值取决于参于电池反应的各种物质的状态。

7-15　强电解质的 Λ_m^∞，可利用实验数据通过 Λ_m-$\sqrt{c}$ 外推求得。弱电解质的 Λ_m^∞，则利用离子独立迁移定律，通过测定几个有关的强电解质的 Λ_m^∞，然后计算求得。

7-17　由公式 $\Delta_r G_m^\ominus = -zF\varphi^\ominus$ 可知，对于不同的电极，只有当 $\Delta_r G_m^\ominus / z$ 值相等时标准电势才相同。其中 $\Delta_r G_m^\ominus$ 是电极上还原反应的标准 Gibbs 函数变。

7-21　若以电池和恒温槽为系统，系统中发生的过程是等温等压且没有非体积功的绝热过程。系统的焓变 $\Delta H = 0$。由于恒温槽本身无 Gibbs 函数变化（为什么？），所以系统的 ΔG 等于电池的 Gibbs 函数变 ΔG（电池）。ΔG（电池）$= -1000 \times 1.07$J。由此可求出系统熵变 ΔS。

电池服从 ΔG（电池）$= \Delta H$（电池）$- T\Delta S$（电池），恒温槽服从

ΔS(恒温槽) $= \Delta H$(恒温槽)$/T$。其中 ΔH(电池)$= - \Delta H$(恒温槽)。

7-23 一个电池实际上是化学反应进行的一种途径。两个电池中发生同一个反应,意味着两个电池的 ΔG 相同。zF 是电池放的电量。电动势等于电池放 1C 电量时所消耗的化学能。

7-24 参阅 7-23 题辅导。

7-25 电极电势的值是相对的(相对于将标准氢电极的电势规定为零)。它决定于电极中各界面处接界电势的叠加。

7-27 $\gamma_{\pm}$ 可由实验直接测定,实验结果表明,$\lim\limits_{b \to 0}\gamma_{\pm} = 1$。$\gamma$ 为整体活度系数,不能实验测定,只能根据公式 $a = a_+^{v_+} a_-^{v_-}$ 计算。

7-28 在很稀的弱电解质溶液中,离子的处境与很稀的强电解质溶液基本相同。

7-29 由 $\varphi = \varphi^{\ominus} - \dfrac{RT}{zF}\ln J$ 可知,若电极上还原反应的 $J = 1$,则 $\varphi = \varphi^{\ominus}$。

7-30 标准氢电极为 $H^+(a=1)\,|\,H_2($理想气体$,p^{\ominus})\,|\,Pt$。物质的活度 a 随温度而变化。

7-32 在任意电解质溶液中,对离子 i 和离子 j 为:

$$\frac{t_i}{t_j} = \frac{Q_i}{Q_j} = \frac{I_i}{I_j} = \frac{v_i A c_i F}{v_j A c_j F}$$

$$= \frac{v_i c_i}{v_j c_j} = \frac{u_i c_i}{u_j c_j}$$

其中离子 i 和 j 的基本单元均以一个元电荷为基础来选择,A 是导电液柱的横截面积。由此可知,同一溶液中任意两种离子对导电贡献的相对大小既与离子的电迁移率有关,也与离子浓度有关。

7-33 在此溶液中

$$|z(B^{2-})| = 2z(A^+)$$

$$c(B^{2-}) = \frac{1}{2}c(A^+)$$

$$u(\text{B}^{2-}) = u(\text{A}^+)$$

参阅 7-32 题辅导。

7-34　水溶液中任意离子的热力学性质均是相对于标准水合氢离子性质的规定值而言的。人们规定：

$$\Delta_f G_m^{\ominus}(\text{H}^+) = 0$$

$$\Delta_f H_m^{\ominus}(\text{H}^+) = 0$$

$$S_m^{\ominus}(\text{H}^+) = 0$$

这一规定与公式 $\Delta_f G_m^{\ominus}(\text{H}^+) = \Delta_f H_m^{\ominus}(\text{H}^+) - T\Delta_f S_m^{\ominus}(\text{H}^+)$ 相矛盾。

7-36　$\lim\limits_{b \to 0} \gamma \neq 1$

7-38、7-39　$\Lambda_m(\text{H}_2\text{O})$ 的意义是：把 1mol H_2O 置于两个相距 1m 的平行板电极之间时所具有的电导。$\lambda^{\infty}(\text{H}^+) + \lambda^{\infty}(\text{OH}^-)$ 则表示把含有 1mol H^+ 和 1mol OH^- 的水置于上述两电极之间时所具有的电导。

7-40　Nernst 公式必须对应电池反应，即

$$E = E^{\ominus} - \frac{RT}{zF}\ln J$$

中的 J 是电池反应的活度积。反应 $\text{H}_2 + \text{Cl}_2 \longrightarrow 2\text{HCl}(\text{g}, 560\text{Pa})$ 虽与电池反应具有相同的 ΔG，但两个反应并不等价。它们的 $K^{\ominus}, \Delta_r G_m^{\ominus}, \Delta_r S_m^{\ominus}$ 和 $\Delta_r H_m^{\ominus}$ 均不相同，J 也不相同。所以在计算电动势时，不能用其他反应代替电池反应。

7-42　在此电池反应中，$a(\text{Cl}^-)a(\text{Ag}^+)$ 不等于 AgCl 的溶度积。

7-43　对于一个指定的电极，其极化情况取决于：①它实际作阳极还是作阴极；②电流密度。而与它在什么装置中工作无关。

7-44　在电池 $\text{Cu} \mid \text{Cu}^{2+}(a=1) \parallel \text{Zn}^{2+}(a=1) \mid \text{Zn}$ 中，放电时铜电极实际上是阴极，所以它将按阴极发生极化。

7-45 (1) NO_3^- 传导的电量 $Q(NO_3^-) = n(AgNO_3 \uparrow)F$,总电量 $Q = n(Ag)F$。

(2) 在单电解质溶液中,迁移数决定于离子电迁移率的相对大小。当外加电压增加 1 倍时,因为溶液的温度、压力及浓度均未变化,故 NO_3^- 和 Ag^+ 的电迁移率均不发生变化。

7-46 由 Faraday 定律可知,从阴极区溶液中沉积出 1mol Ag,因此有 0.4mol Ag^+ 和 0.8mol CN^- 以铬离子形式从阴极区迁出。K^+ 传导的电量 $Q(K^+) = 0.6 mol \cdot F$,总电量 $Q = 1 mol \cdot F$。

7-47 (1) E 是个热力学概念,称为电池的平衡电势,它决定于电池中各物质的状态,与放电方式无关。U 随电流增大而减小(为什么?)。

(2) 可逆放电时的热效应 $Q_r = zFT\left(\dfrac{\partial E}{\partial T}\right)_p$,所以 $\left(\dfrac{\partial E}{\partial T}\right)_p$ 的符号决定可逆放电过程是吸热还是放热。当 $I = 0.2A$ 时,$Q = \Delta H + W'$。当短路时 $Q = \Delta H$。

7-48 $\Delta_r C_{p,m} = 0$ 表明 $\left(\dfrac{\partial \Delta_r H_m}{\partial T}\right)_p = 0$,即 $\Delta_r H_m$ 不随温度变化。$\left(\dfrac{\partial E}{\partial T}\right)_p = \dfrac{\Delta_r S_m}{zF}$.

7-49 反应
$$Na^+(a) + Na(s) \longrightarrow Na(汞齐, a(Na) = 0.30) + Na^+(a)$$
与题目中所给的反应等价。此反应可设计成电池
$$Na(s)|Na^+(非水溶液)|Na(汞齐, a(Na) = 0.30)$$
且 $E^\ominus = 0$。

7-50 电池为 $Pt|H_2(p^\ominus)|HNO_3|O_2(p^\ominus)|Pt$

7-51 (2) 若以"电池+R"为系统,则为等温等压且无非体积功的过程。放电之后电阻的状态没有发生变化。

(3) 当 R 增大时 $|Q_R|$ 值增大,表明电池对 R 做的电功 W' 增加(为什么?)。对电池来说,

$$Q_c = \Delta H_c + W'$$

当 R 增大时 ΔH_c 不变，W' 增大。

当 $R \to \infty$ 时，$W' = 190kJ$（为什么?），可由上式求 Q_c。

(4) $\Delta_r G_m = -W'_r$。当 $R \to \infty$ 时电池是可逆电池（为什么?）。

7-52 电动势是电池的平衡电势。当平衡后"电池②"已无做电功本领。从这个意义来说，装置②不是电池。

第 8 章

8-1 ΔG 与过程无关，W 与过程有关。

8-2 表面张力是宏观物理量，分子受力是微观量。表面张力是表面分子所受的不对称力的宏观表现，所以它是表面上不对称力场的度量。

8-8 随温度升高，液体表面张力减小，从而改变弯曲液面下的附加压力。

8-18 该推理严格来说并不正确。对于极微小的固体颗粒而言，它的蒸气压并不等于其饱和溶液的蒸气压。这是由于它存在于溶液中时的附加压力与存在于气相中时不同（由于界面张力不同）。而 $p_V = p_B^* x_B$ 中的 p_V 指的是饱和溶液的蒸气压。

8-22 水的蒸气压取决于水的温度和压力。气泡中水蒸气分压取决于气泡周围水的温度和压力。

8-28 BET 吸附理论是多层吸附理论。除第一层外其他各层相当于气体液化。

8-29 水滴半径不同，其蒸气压不同。

8-30 相图中的固-液共存线，不存在附加压力，固相与液相压力相同，如图(1)。当系统压力增大时，固液两相压力同时增加，化学势也同时升高。但由于液体的化学势对压力更敏感（为什么?），所以加压后液体化学势大于固体化学势，于是液体凝固成固体,液相消失。欲使固-液共存相态重新出现,则需升高温度,即熔点随压力增大而升高;而在固体颗粒熔点时,由于存在附加压力,共存的固液两相压力不同,如图(2)。当颗粒变小时,实际上只增大了固相压力,而液相压力不变(始终等于外压),于是使固相化学势升高,导致颗粒熔化而消失。欲使颗粒重新出现,需降低温度,即熔点随固相压力增大而降低。由此可见,以上两个结论并不矛盾,两者的条件不同,导致规律不同。

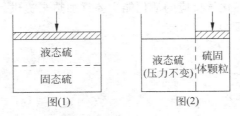

图(1)　　　　图(2)

8-31　该过程不是等压过程。

8-32　当液滴在固体表面上流动达平衡时服从 Young 方程。铺展是液滴在固体表面上的流动无法达到平衡时发生的现象。

8-35　BET 方程是多层吸附方程,Langmuir 方程是单层吸附方程。

8-36　ΔH_m 是微分热,随表面覆盖率不同而变化。$\Delta H_m = -RT^2 \left(\dfrac{\partial \ln\{p\}}{\partial T} \right)_\Gamma$,设法由多条吸附等温线求出 Γ 不变时的 p-T 关系,即可得到 ΔH_m。

第 9 章

9-4　反应分子数的概念是对元反应而言的,复合反应没有反应分子数之说。反应分子数和反应级数是两个不同的概念,它们的意义不同,数值特点也不同。

9-6 $n=0$ 并不能表明所有分级数皆为 0。

9-11 解出微分方程,即可发现反应特点。

9-14 自由基结合反应不需要活化能。

9-16 微观可逆性原理是元反应服从的规律。

9-27 完全不同。

9-29 (2) 根据曲线 $\ln\{k\}-\dfrac{1}{T}$ 回答。

9-37 热化学反应的活化能主要靠加热来提供。光化学反应的活化能主要靠光子供给。